U0196659

高等职业教育智能建造类专业"十四五"系列教材
住房和城乡建设领域"十四五"智能建造技术培训教材

智能施工管理技术与应用

组织编写　江苏省建设教育协会
主　　编　郭红军　肖勇军
副 主 编　管淑清　冯均州　王慧萍
主　　审　苗磊刚

中国建筑工业出版社

本系列教材编写委员会

顾　问：肖绪文　沈元勤

主　任：丁舜祥

副主任：纪　迅　章小刚　宫长义　张　蔚　高延伟

委　员：王　伟　邹建刚　张　浩　韩树山　刘　剑

　　　　邹　胜　黄文胜　王建玉　解　路　郭红军

　　　　张娅玲　陈海路　杨　虹

秘书处：

秘书长：成　宁

成　员：王　飞　施文杰　聂　伟

出版说明

　　智能建造是通过计算机技术、网络技术、机械电子技术、建造技术与管理科学的交叉融合，促使建造及施工过程实现数字化设计、机器人主导或辅助施工的工程建造方式，其已成为建筑业发展的必然趋势和转型升级的重要抓手。在推动智能建造发展的进程中，首当其冲的，是培养一大批知识结构全、创新意识强、综合素质高的应用型、复合型、未来型人才。在这一人才队伍建设中，与普通高等教育一样，职业院校同样担负着义不容辞的责任和使命。

　　传统建筑产业转型升级的浪潮，驱动着土木建筑类职业院校教育教学内容、模式、方法、手段的不断改革。与智能建造专业教学相关的教材、教法的及时更新，刻不容缓地摆在了管理者、研究者以及教学工作者的面前。正是由于这样的需求，在政府部门指导下，以企业、院校为主体，行业协会全力组织，结合行业发展和人才培养的实际，编写了这一套教材，用于职业院校智能建造类专业学生的课程教学和实践指导。

　　本系列教材根据高职院校智能建造专业教学标准要求编写，其特点是，本着"理论够用、技能实用、学以致用"的原则，既体现了前沿性与时代性，及时将智能建造领域最新的国内外科技发展前沿成果引入课堂，保证课程教学的高质量，又从职业院校学生的实际学情和就业需求出发，以实际工程应用为方向，将基础知识教学与实践教学、课堂教学与实验室、实训基地实习交叉融合，以提高学生"学"的兴趣、"知"的广度、"做"的本领。通过这样的教学，让"智能建造"从概念到理论架构、再到知识体系，并转化为实际操作的技术技能，让学生走出课堂，就能尽快胜任工作。

　　为了使教材内容更贴近生产一线，符合智能建造企业生产实践，吸收建筑行业龙头企业、科研机构、高等院校和职业院校的专家、教师参与本系列教材的编写，教材集中了产、学、研、用等方面的智慧和努力。本系列教材根据智能建造全流程、全过程的内容安排各分册，分别为《智能建造概论》《数字一体化设计技术与应用》《建筑工业化智能生产技术与应用》《建筑机器人及智能装备技术与应用》《智能施工管理技术与应用》《智慧建筑运维技术与应用》。

　　本系列教材，可供职业院校开展智能建造相关专业课程教学使用，同时，还可作为智能建造行业专业技术人员培训教材。相信经过具体的教育教学实践，本系列教材将得到进一步充实、扩展，臻于完善。

江苏省建设教育协会

序　言

随着信息技术的普及，建筑业正在经历深刻的技术变革，智能建造是信息技术与工程建造融合形成的创新建造模式，覆盖工程立项、设计、生产、施工和运维各个阶段，通过信息技术的应用，实现数字驱动下工程立项策划、一体化设计、智能生产、智能施工、智慧运维的高效协同，进而保障工程安全、提高工程质量、改善施工环境、提升建造效率，实现建筑全生命期整体效益最优，是实现建筑业高质量发展的重要途径。

做好职业教育、培养满足工程建设需求的工程技术人员和操作技能人才是实现建筑业高质量发展的基本要求。2020 年，住房和城乡建设部等 13 部门联合印发了《关于推动智能建造与建筑工业化协同发展的指导意见》，确定了推动智能建造的指导思想、基本原则、发展目标、重点任务和保障措施，明确提出了要鼓励企业和高等院校深化合作，大力培养智能建造领域的专业技术人员，为智能建造发展提供人才后备保障。

江苏省是我国的教育大省和建筑业大省，江苏省建设教育协会专注于建设行业人才的探索、研究、开发及培养，是江苏省建设行业在人才队伍建设方面具有影响力的专业性社会组织。面对智能建造人才培养的要求，江苏省建设教育协会组织江苏省建筑业相关企业、高职院校共同参与，多方协作，编写了本套高等职业教育智能建造类专业"十四五"系列教材，教材涵盖了智能建造概论、一体化设计、智能生产、智能建造、智能装备、智慧运维等领域，针对职业教育智能建造专业人才培养需求，兼顾行业岗位继续培训，以学生为主体、任务为驱动，做到理论与实践相融合。这套教材的许多基础数据和案例都来自实际工程项目，以智能建造运营管理平台为依托，以 BIM 数字一体化设计、部品部件工厂化生产、智能施工、建筑机器人和智能装备、建筑产业互联网、数字交付与运维为典型应用场景，构建了"一平台、六专项"的覆盖行业全产业链、服务建筑全生命周期、融合建设工程全专业领域的应用模式和建造体系。这些内容与企业智能建造相关岗位具有很好的契合度和适应性。本系列教材既可以作为职业教育教材，也可以作为企业智能建造继续教育教材，对培养高素质技术技能型智能建造人才具有重要现实意义。

中国工程院院士

前　言

"智能施工管理技术与应用"是以教育部发布的新版《职业教育专业目录（2021年）》为依据，结合建筑工业化、数字化、智能化升级的新背景要求，为适应职业院校土木建筑类专业未来人才培养需求而编写的一本教材。

本教材根据国家现行规范、标准，在传统"工程管理"课程基础上融入智能施工与管理元素，结合工程实际应用，采用项目教学法思路编写。项目教学法最显著的特点是凸显了"以项目为主线、以教师为引导、以学生为主体"的特点，创造了学生主动参与、自主协作、探索创新的新型教学模式，体现了产教融合、校企合作、工学结合的职业教育基本模式。

教材以模块化结构，系统介绍了智能施工管理的基本技术以及应用，力图使学生较为全面地掌握智能施工管理的关键知识，并在具体工作实践中用得上、用得活。模块1和模块2主要介绍智能施工和管理所依托的平台、系统以及智慧工地；模块3主要介绍智能检测在智能建造施工管理中的应用，涉及实测实量、结构件与材料质量的智能检测方法与技术；模块4和模块5主要介绍施工进度与成本基于管理平台的自动预警和动态控制相关方法、技术与应用；模块6主要介绍供应链管理及施工材料和机械设备管理相关方法、技术与应用；模块7主要介绍基于BIM平台的数字化验收与交付。

本教材的编写，得到多所高等院校、职业院校以及多家企业的大力支持。江苏建筑职业技术学院、中亿丰建设集团股份有限公司、盎锐（上海）信息科技有限公司、苏州建设交通高等职业技术学院、江苏城乡建设职业学院、南京科技职业学院、南通开放大学、扬州市职业大学等单位的专家学者、一线教师、技术专家参与了本教材的编写。本教材中涉及应用场景、案例及现场资料，由中亿丰建设集团有限公司、中建三局第一建设工程有限责任公司、中建科工集团江苏有限公司、南通建工集团股份有限公司、江苏中南建筑产业集团有限责任公司、无锡城投建设有限公司等单位提供。

本教材由郭红军、肖勇军主编，管淑清、冯均州、王慧萍为副主编。教材模块1"智能建造运管平台"由肖勇军、王林编写；模块2"智慧工地"由郭红军、张李莉编写；模块3"智能检测"由管淑清编写；模块4"进度管理"由周建云、李康编写；模块5"智能施工成本管理"由冯均州、郑锋景编写；模块6"供应链管理"由王慧萍、杨建林、高飞编写；模块7"竣工交付"由张永强、蒋业浩编写。本教材由江苏建筑职业技术学院苗磊刚主审。

智能建造相关专业教材的编写与教学实践探索，是传统建筑业数字化转型背景下技术技能人才培养的当务之急。本教材的编写，离不开作者及其所在单位的大力支持，离不开行业企业的技术指导，特此鸣谢！希望职业院校及广大师生在使用过程中，给我们提出宝贵建议和意见，以便在今后的修订中进一步改进、完善。

编　者
2023年9月25日

目　录

智能建造运管平台

智能施工管理

认识智能施工管理
智能施工管理关键技术
知识拓展
习题与思考

智能施工管理平台

认识智能建造运管平台
认识智能施工管理系统
知识拓展
习题与思考

项目1.1 智能施工管理

教学目标

一、知识目标

1. 了解智能施工管理在智能建造中的作用和地位；

2. 了解智能施工管理常见的技术；

3. 了解基于智能建造运管平台进行施工管理的方法。

二、能力目标

1. 能够正确理解智能施工管理在智能建造中的作用；

2. 能够正确应用智能施工管理技术；

3. 能举例说出智能建造运管平台的应用流程。

三、素养目标

1. 能够适应行业变化和变革，具备智能化技术应用的学习意识；

2. 能够发现解决方案，能学会全面思考，举一反三。

学习任务

主要了解现代施工现场管理的现状，学会通过智能化、信息化的管理手段进行施工管理。

建议学时

4学时

思维导图

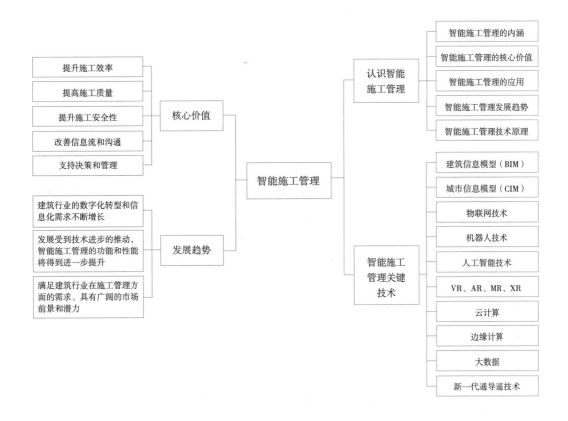

任务 1.1.1 认识智能施工管理

 【任务引入】

施工管理是指对建筑工程施工过程进行计划、组织、指挥、协调、控制和管理的过程。它是建筑工程项目管理的重要组成部分，也是保证工程质量和工期的关键环节。施工管理的主要内容包括：项目职业健康安全管理、项目成本管理、项目质量管理、项目进度管理、项目信息管理、项目合同管理、项目采购管理、项目资源管理、项目环境管理、项目风险管理十大项。

随着城市化进程的加快，建设工程规模不断扩大，对施工管理模式和效率要求越来越高。然而传统的施工管理模式已经满足不了现代化的建筑需求，传统的施工管理方式往往依赖于人工操作和纸质文档，存在信息传递不及时、数据不准确等问题。而智能施工管理通过运用先进的技术手段，提供了全新的解决方案。

2020 年 7 月，《住房和城乡建设部等部门关于推动智能建造与建筑工业化协同发展的指导意见》（建市〔2020〕60 号），提出要围绕建筑业高质量发展总体目标，加大智能建造在工程建设各环节应用，围绕建筑行业高质量发展，促进建筑业与信息产业等业态融合。

【知识与技能】

1. 智能施工管理的内涵

智能施工管理是指利用先进的技术手段，如人工智能、物联网、机器学习等，对建筑施工过程进行自动化、数字化和智能化管理。其目的是提高施工效率、质量和安全性，降低施工成本和环境污染。智能施工管理包括施工计划制定、资源调度、进度跟踪、质量控制、安全监测等环节，可以应用于建筑、桥梁、道路、隧道、水利等各类工程领域。通过智能施工管理，可以

智能施工管理的
内涵

实现施工过程的自动化和数字化，提高施工效率和减少人为错误，同时也能够提高安全性和质量，减少对环境的影响。智能施工管理在建筑行业中的重要性日益凸显，应用率逐步提高。

智能施工管理的核心目标是实现施工过程的高效、精准和可控。为了达到这一目标，智能施工管理应用了多项关键技术。其中之一是物联网技术，通过在施工现场布置传感器和设备，可以实时采集各种数据，如温度、湿度、总形象进度，以及设备的运行状态。这些数据可以通过云平台传输和存储，并进行实时分析和监测。另外，大数据分析和人工智能技术也发挥着重要作用，可以从海量数据中提取有用的信息，用于优化施工过程、预测施工进展、识别潜在风险等。

2. 智能施工管理的核心价值

智能施工管理在智能建造中扮演着重要的作用和地位。它利用先进的技术和创新的管理方法，将信息技术、物联网、人工智能等应用于施工管理过程，实现施工过程的数字化、自动化和智能化，提高施工效率、质量和安全性，推动建筑行业的转型和升级。智能施工管理有以下五点核心价值：

智能施工管理的
核心价值

（1）提升施工效率：智能施工管理利用先进的技术和系统，可以对施工过程进行实时监控和管理，优化资源调配和工艺流程，提高施工效率。例如，利用物联网技术和传感器监测施工设备和材料的使用情况，通过数据分析和智能算法进行优化调度，实现施工资源的最优配置。

（2）提高施工质量：智能施工管理可以通过数字化和自动化的手段，实现对施工质量的精细管理和控制。例如，利用建筑信息模型（BIM）技术进行三维建模和碰撞检测，帮助发现和解决设计问题和施工冲突，减少错误和质量问题的发生。同时，通过智能传感器和监测系统对施工质量进行实时监测和评估，及时发现和纠正质量问题。

（3）提升施工安全性：智能施工管理可以通过安全监测和预警系统，实时监测施工现场的安全状况，预防安全风险并处理事故。例如，利用视频监控、传感器和无线通信技术对施工现场进行监测，自动识别安全隐患和违规行为，及时发出警报并采取相应措施，保障施工人员和设备的安全。

（4）改善信息流和沟通：智能施工管理利用信息技术和互联网平台，实现施工信息的数字化、集中化和共享化，改善项目各方之间的沟通和协作。通过移动设备和应用程序，施工人员可以随时随地获取施工计划、图纸、文件等信息，并与其他团队成员进行实时沟通和协作，提高信息流畅性和项目协调效率。

（5）支持决策和管理：智能施工管理通过数据分析和智能算法，提供决策支持和管理工具，帮助项目管理者进行决策和规划。通过对施工过程数据的收集、分析和挖掘，可以发现施工过程中的问题和瓶颈，预测和优化施工进度，支持项目管理者进行合理的决策和调整。

智能施工管理在智能建造中的作用和地位不可忽视。它通过应用先进的技术和管理方法，实现施工过程的数字化、自动化和智能化，提高施工效率、质量和安全性，推动建筑行业的发展和创新。

3. 智能施工管理的应用

智能施工管理的应用领域广泛，涵盖了工程施工的各个方面，其中包括施工进度管理、质量管理、安全管理、资源管理等。例如，智能施工进度管理可以通过实时监控施工现场的进展情况，与预设的进度计划进行对比，及时发现延误和问题，并采取相应措施进行调整。质量管理方

智能施工管理的
应用

面，可以利用智能传感器和图像识别技术，对施工过程中的关键节点进行监测和检查，确保施工质量符合要求。安全管理方面，通过智能监控和风险预警系统，可以实时监测施工现场的安全情况，及时预警并采取措施防范潜在的安全风险。资源管理方面，可以通过智能化设备和自动化系统，实现施工资源的优化配置和利用，提高资源利用效率。

4. 智能施工管理发展趋势

智能施工管理的市场前景十分广阔。随着信息技术的不断发展和成熟，建筑行业对于数字化和智能化的需求也越来越迫切。智能施工管理作为一个解决方案，可以满足建筑行业在施工管理方面的需求，提高施工效率、质量和安全性。市场研究机构的报告显示，智能施工管理市场将在未来几年内保持较高的增长率。预计到 2025 年，全球智能施工管理市场的规模将达到数十亿美元。

智能施工管理的市场前景受益于多个因素。首先，建筑行业的数字化转型和信息化需求不断增长。随着信息技术的成熟和应用，建筑企业意识到数字化和智能化在施工管理中的重要性，并逐渐采纳智能施工管理的解决方案。其次，政府对于建筑行业的发展

和创新也提供了支持和推动。许多国家和地区出台了相关政策和标准，鼓励和支持建筑行业采用智能施工管理技术，以提升行业的竞争力和可持续发展。

智能施工管理市场的发展还受到技术进步的推动。随着物联网、大数据分析、人工智能等技术的不断进步和应用，智能施工管理的功能和性能将得到进一步提升。例如，智能传感器和设备的发展使得施工现场的数据采集更加精确和全面，提供更准确的决策支持。同时，大数据分析和人工智能的应用使得施工数据的处理和分析更加智能化和高效化，提供更深入的洞察和预测能力。这些技术的不断发展和创新将进一步推动智能施工管理市场的发展。

然而，智能施工管理市场发展仍面临一些挑战。首先是技术应用和推广的难题。虽然智能施工管理技术已经取得了一定的进展，但在实际应用中仍然存在一些技术难题和局限性。例如，设备的互联互通、数据的标准化、安全和隐私保护等方面的问题仍需要解决。此外，智能施工管理需要建筑企业具备相应的技术能力和管理转变。培训和人员素质提升也是一个重要的挑战。

总之，智能施工管理具有广阔的市场前景和潜力。随着技术的不断进步和应用，建筑行业对于智能施工管理的需求将进一步增加。然而，要实现智能施工管理的有效应用，需要克服技术、管理和人才等方面的挑战，并与建筑行业各方共同推动智能施工管理的发展和应用。

5. 智能施工管理技术

智能施工管理技术是通过收集、处理和分析施工现场的各种数据，实现对施工过程的自动化、数字化和智能化管理。其主要技术包括以下几个方面：

智能施工管理
技术原理

（1）BIM 技术：利用 BIM 数字技术，将施工现场进度数字化，实现对施工过程的可视化和模拟，提高施工效率和减少人为错误；通过 BIM+VR 可以进行场地规划、CI 策划、工序的施工技术动画演示交底、BIM 管综排布的虚拟现实漫游等。

（2）物联网技术：利用传感器、无线通信等技术手段，实现对施工现场各种设备、机械、材料等的实时监测和管理；在建设过程中，实时检测材料、工作人员的具体位置，实现对施工现场的模拟化并实现现场管理的时效性。

（3）人工智能技术：利用现有智能建造机器人，可以提高施工效率，减少施工人员使用，同时可以高质量完成新颖奇特的建筑造型；随着机器学习、深度学习等技术的发展，对施工过程中的数据进行分析和预测，实现对施工进度、质量、安全等方面的智能管理。

（4）云计算技术：利用云计算技术，实现对施工数据的存储、处理和共享，提高数据的安全性和可靠性。

通过上述技术，可以实现对施工过程的全面监管和管理，提高施工效率和质量，减少人为错误和安全事故的发生。

【任务实施】

智能施工管理是现代建筑、桥梁、道路、隧道、水利等各类工程施工全流程管理的必然发展趋势，是智能建造与建筑工业化协同发展的关键创新技术。请读者通过查阅文献，总结智能施工管理还可以结合哪些新技术解决传统施工管理中的痛点、难点。

【学习小结】

本任务主要对智能施工管理的内涵、核心价值、应用、发展趋势和技术原理做了详细的介绍。你觉得目前智能施工管理在智能建造中的主要作用和地位是什么？请用自己的语言描述智能施工管理是如何提升施工效率的？

任务 1.1.2 智能施工管理关键技术

【任务引入】

智能施工管理作为新一代信息技术与工程建造融合形成的工程建造创新模式，主要涉及十大关键技术，分别是"建筑信息模型（BIM）""城市信息模型（CIM）""物联网""机器人""人工智能""虚拟现实 VR、增强现实 AR、混合现实 MR 和扩展现实 XR""云计算""边缘计算""大数据""新一代通导遥"等技术，智能施工技术的发展必将为建筑施工带来革命性的变化。

【知识与技能】

1. 建筑信息模型（BIM）

BIM 的全称为建筑信息模型（Building Information Modeling），是一个由各种工具、技术和合同支持的过程，关键在于为建筑项目建立三维模型，并在建筑项目的全生命周期内准确管理建筑信息，协助各方协同工作、共享数据。BIM 技术是信息技术应用于建筑施工行业最为重要的技术之一，使建筑施工行业发生了革命性的变化。BIM 技术是以建筑工程项目相关信息数据为基础，建立三维建筑模型，数字仿真建筑物真实信息，打通了建筑全生命周期，实现在建项目全生命周期内提高工作效率和质量以及减少错误和风险，已广泛应用于现场施工与管理过程中。BIM 技术应用概况如下：

建筑信息模型
（BIM）

（1）BIM 是一种可应用于建筑项目各个方面的一套业务流程。

（2）BIM 并不依赖于单一的数据库，而是采用了集成化的数据库系统，包括关系型 BIM 数据库、面向对象型 BIM 数据库、对象 – 关系型 BIM 数据库、NoSQL 型 BIM 数据库，来存储和管理建筑项目的相关信息。

（3）BIM 的应用能够覆盖建筑全生命周期的特性，将彻底改变整个行业固有的信息孤岛问题。通过更高程度的数字化及信息整合的流程，可以对包括设计、招投标、施工和运维在内的建筑全产业链进行优化。

2. 城市信息模型（CIM）

CIM 的全称为城市信息模型（City Information Modeling），基于 BIM 技术的发展，将信息模型从建筑层面扩展到城市层面。因此，CIM 是由 BIM 和地理信息系统（GIS）集成所建立的，基于城市信息数据的多学科协作框架的三维城市模型，也是智能城市和数字孪生城市的基础模型。CIM 应用概况如下：

城市信息模型
（CIM）

建立在 BIM 的基础上，CIM 针对城市和城市规划领域的应用和发展，通过模型化方法，以城市信息数据为基数，建立起三维城市空间模型和城市信息的有机综合体。CIM 整合了城市的空间、属性和关系信息，以数字化的形式创建城市模型，用于城市规划、管理和决策支持。与传统基于 GIS 的数字城市相比，CIM 将数据细化到城市单体建筑物内部的一个机电配件、一扇门，将传统静态的数字城市升级为可感知、动态在线、虚实交互的数字孪生城市，为城市敏捷管理和精细化治理提供了数据基础。

CIM 通过 BIM、三维 GIS、大数据、云计算、物联网（IoT）、智能化等先进数字技术与应用，同步形成与实体城市"孪生"的数字城市，实现城市从规划、建设到管理的全过程、全要素、全方位的数字化、在线化和智能化，改变城市面貌，重塑城市基础设施。

CIM 是数字孪生城市的基础核心，通过利用 CIM 的可扩展性，可以实现跨系统应用集成和信息共享，并支持数字孪生城市的决策分析。

在对城市规划方案进行优化和遴选方面，CIM 平台可以通过模拟仿真和可视化展示来实现规划管控、多方协同和动态优化。此外，数字孪生技术在城市建设管理中起到支持设计方案的优化和全面管控施工过程的作用。在城市运维管理方面，通过物联网和 CIM 模型进行实时监测和可视化综合呈现，能够提高城市运行的稳定性和安全性。

3. 物联网技术

物联网（Internet of Things），即物物相联的互联网，是通过射频识别设备、红外感应器、全球定位系统、激光扫描器等信息传感设备，将各种物理设备、传感器、对象和其他物体与互联网相连，将无处不在的末端设备和设施通过各种无线或有线通信网络实现互联互通，并实现彼此之间的数据交换

物联网技术

和交互操作的网络系统。物联网技术是多项技术的总称，从技术特征和应用范围来讲，可以分为自动识别技术、定位跟踪技术、图像采集技术和无线传感器网络技术等。物联网技术应用概况如下：

物联网技术使得物体具有收集、传输和共享数据，并实现智能化和自动化的功能，从而提供实时在线监测、定位追溯、远程控制、安全防范、远程维保等管理和服务功能，实现高效、节能、安全、环保的"管、控、营"一体化。其功能主要分为三个方面：

（1）全面感知：利用无线射频识别（RFID）、传感器、定位器和二维码等手段随时对物体进行信息采集获取；

（2）可靠传递：对接收到的感知信息进行远程传送，实现信息的交互共享和处理；

（3）智能处理：利用云计算、模糊识别等各种智能计算技术进行分析处理实现智能化的决策和控制。

4. 机器人技术

机器人（Robot）是指包括一切模拟人类行为或思想与模拟其他生物的机械。在当代工业中，机器人指能自动执行任务的人造机器设备，用以取代或协助人类工作，通常情况下是机电设备，由计算机程序或是电子电路控制。建筑建造机器人是工业机器人的一个细分，具体指用于建筑工程中建造领域

机器人技术

的工业机器人。具有高稳定特征和高作业效率的建造机器人可以替代人力从事建筑建造场景下复杂、繁重和危险的工作。机器人技术应用概况如下：

由于人口老龄化的社会问题愈发加剧，想要从事建筑业工作的年轻人也在减少，而科技的发展衍生出的建筑机器人在各种类型的基建项目中的作用也逐渐展现。依据相关政务数据显示，我国当前建筑工人的平均年龄已超过 40 岁，年龄的逐年增加也体现了建筑业劳动力紧缺的问题。因此，在建筑行业中，建筑机器人所代表的自动化作业需要得到重视与发展。

建筑机器人的使用使得建筑工人在时间分配上能够更加灵活，进而提高整个建筑项目的生产力。此外，建筑机器人的投入使用也能在砌砖、搬运材料等高危施工活动中代替人力，减少建筑工人长时间站立或弯腰的环节而导致的健康损伤风险和项目上的人工沉没成本。

为解决智能建造施工计价问题，我国某市住建局印发了《智能建造（建筑机器人）补充定额》，推出整平机器人、抹平机器人、喷涂机器人和 ALC 墙板安装机器人 4 款机器人，并将在试点项目上首先推广应用。

5. 人工智能技术

人工智能（Artificial Intelligence，AI），也称为智械、机器智能，指由人制造出来的机器所表现出来的智慧。通常人工智能是指通过普通电脑程式来呈现人类智能的技术，通过计算机模拟人的思维过程和智能行为，从而使得

人工智能技术

计算机实现更高层次的应用，具备数据挖掘、机器学习、认知与知识工程、智能计算等应用能力。

我国相关部门已印发并实施了《新一代人工智能发展规划》《机器人产业发展规划（2016—2020年）》，相关部门正在研究制定我国机器人产业面向2035年发展规划。

具体技术分类见表1-1-1。

人工智能技术分类表　　　　　　　　　　　　　　　　表 1-1-1

序号	细分技术	装备产品	适用范围
1	智能机器人	建筑机器人	自动焊接、搬运建材、捆绑钢筋、装饰喷涂、机器人监理、精密切割等
2		清洗机器人	空调风机盘管清洗、高层建筑外墙清洗等
3		巡检机器人	市政设施巡检、地下管廊巡检、建筑设施设备巡检、城市交通轨道巡检等
4		移动设备/UAV	道路清洗、货物搬运、室内配送等
5	便携式智能终端	智能穿戴设备	智能头盔（远程监控+现场巡检），增强现实眼镜（沉浸式3D安装）
6		手持智能终端设备	施工现场人员管理、现场数据实时采集等
7	智慧家居	看护类	智能管家机器人、老幼看护机器人、智能视频/语音终端
8		清洁类	家庭扫地机器人、厨房机器人
9	机器人流程自动化（RPA）	/	项目多方协同管理、电子商务采购等
10	数据挖掘与机器学习	/	建筑规划设计辅助支持、施工现场远程实时监控、道路桥隧安全识别分析等

6. 城市虚拟现实VR、增强现实AR、混合现实MR和扩展现实XR

虚拟现实（Virtual Reality，VR）、增强现实（Augmented Reality，AR）、混合现实（Mixed Reality，MR）、扩展现实（Extended Reality，XR）是基于计算机模拟虚拟环境或将虚拟元素叠加到真实环境中的技术，从而使用户可以沉浸于虚拟场景或与虚拟元素进行互动，实现用户与环境直接进行自

城市虚拟现实

然交互。通过虚拟现实等技术搭建应用场景，在虚拟施工与管理环境中发现存在的技术问题，有效提升工作效率及质量，增强员工（用户）参与感和成就感。相关技术应用概况如下：

（1）施工方案设计：利用虚拟现实和增强现实等技术，构造周围环境、建筑结构构件及所需机械设备等虚拟施工环境，支持模型虚拟装配，根据装配结果优化施工方案设计，能够提前发现问题、减少不合理设计。

（2）建筑施工培训：BIM和AR结合，可以帮助进行空调风道、水管和电气管道等管线排布培训。

（3）建筑维修维护：通过对设计图和建造效果进行可视化，辅助建筑维修和检查，通过实际情况与 BIM 数据的对比分析，进行问题的精准定位。

（4）建筑翻修更新：通过 BIM 数据和 AR 智能穿戴设备，可以看到隐藏的基础设施布置，如管道位置、结构构件等，对重新设计内容进行可视化，尽早发现问题，帮助项目翻修。

7. 云计算

云计算

云计算具体是指使用网络将用户连接到云平台，用户在该平台上请求和访问租借的计算服务，实现数据计算、储存、处理和共享的一种托管技术。中央服务器会处理客户端设备与服务器之间的所有通信，以进行数据交换，并涵盖安全和隐私保护功能来确保信息安全。

云计算技术在住房城乡建设领域发挥着重要的作用。以下是云计算技术在该领域的一些应用和优势：

（1）数据存储和共享：云计算提供了大规模的数据存储和处理能力，可以用于存储和共享建筑设计、土地利用、地理信息等大量的数据。不同的建筑和城市规划团队可以通过云平台共享数据，提高合作效率和数据可靠性。

（2）虚拟化和远程协作：云计算可以支持虚拟化技术，使得建筑师、设计师和规划师等可以在不同地点通过云平台进行远程协作。他们可以同时编辑和查看建筑模型、设计方案和城市规划图，提高协作效率和精确性。

（3）弹性计算和成本优化：云计算提供了弹性计算能力，根据需求动态分配计算资源。在建筑模拟、渲染和分析等计算密集型任务中，可以根据需要灵活地扩展或缩减计算资源，避免了大量的硬件投资和维护成本。

（4）大数据分析和智能决策：云计算提供了强大的大数据分析和机器学习平台，可以处理和分析建筑和城市相关的大规模数据。通过对这些数据的挖掘和分析，可以提取有价值的信息，支持智能决策和优化建筑设计、城市规划和运营管理等方面的工作。

（5）可持续发展和资源共享：云计算可以促进住房和城乡建设领域的资源共享和可持续发展。通过共享云平台上的计算和存储资源，可以避免资源的重复使用和浪费，提高资源利用率，降低环境影响。

8. 边缘计算

边缘计算

边缘计算是指在靠近物或数据源头的一侧，采用网络、计算、存储、应用核心能力为一体的开放平台。边缘计算允许远程位置的设备在网络"边缘"处理数据（可以由设备或本地服务器来处理）。当数据需要在中央数据中心处理时，仅传输最重要的数据，从而最大限度地减少延迟。边缘计算应用概况如下：

（1）边缘计算能够实现建筑设备智能控制，解决设备感知实时性、通信宽度和节点自主性等问题，并且实现基于边缘计算的建筑暖通空调、给水排水等设施设备数据高频次实时收集、实时处理和智能控制。

（2）边缘计算能够应用于桥隧健康状态监测，提升设备感知实时性并降低监测成本。

（3）边缘计算能够实时采集处理多源数据，可以实现市政基础设施智能控制，如道路灯杆、桥隧照明和交通枢纽设施。

（4）边缘计算能够使综合管廊实现智能控制，包括视频监控、环境监测、设备管理和消防等。实时监控城市轨道交通，采集视频监控和环境数据进行综合处理和管控。

（5）边缘计算在城市污水处理方面能够帮助进行数据处理和分析，提高监控效率和降低成本。针对城市污水处理点多、线长、面广特点，传统通过中心级进行数据采集和控制，组网控制成本高、数据时效性不够，可以通过边缘计算对监控现场等多源数据进行处理和分析。

9. 大数据

大数据技术是以数据采集、存储、清洗、挖掘和可视化五大核心功能为主的具有超级数据分析与处理能力的技术。通过大数据技术打破了传统施工与管理相关数据之间的信息孤岛，并与视频监控有机结合，实现了海量数据互通共享、智能分析、精准预警等，助力智能建造高质量快速发展。

大数据

大数据与人工智能的融合将推动数据分析和智能化决策的发展。通过跨学科的交叉合作，利用深度学习等核心技术，构建有序化的知识体系，将数据资源化、个性化、商品化，可以实现更准确、高效的数据分析和智能决策，并为商业和科学领域带来更多机遇和发展。将大数据技术积极应用于住房和城乡建设领域，真正做到"用数据说话、用数据管理、用数据决策、用数据创新"，不断提升工作效率和水平，为治理模式创新提供数据服务的工具和手段。

10. 新一代通导遥技术

新一代通导遥技术主要由通信技术（5G）、导航定位技术（北斗卫星导航系统、高精度室内定位技术）和遥感技术（遥感、无人机遥感）构成。通信技术用于实现人机物的高速率、低时延互联，导航定位技术辅助实现定位、监测和指挥调度等功能，遥感技术助力进行远距离探测和识别。

新一代通导遥
技术

新一代通导遥技术已在智慧城市、智慧工地、智慧建筑等多种场景得到广泛应用。在住房和城乡建设领域，将通过5G视频监控实现施工现场的安全管控，积极运用导航定位技术实现施工现场室内室外人员和物资的精准定位和轨迹跟踪，同时搭配遥感技术辅助实现城市体检评估、城市信息模型（CIM）平台、建筑节能改造、识别建筑设计质量缺陷。新一代通导遥技术将促进社会生产方式的转型升级，为人类社会可持续发展的终极目标做出贡献。

【任务实施】

综合上述关键技术的介绍，通过参观或查询资料的方式，用自己的语言对 1~2 个你感兴趣的关键技术在智能施工管理的应用做简要说明。

【学习小结】

本任务主要对智能施工管理涉及的十大关键技术进行了简要介绍，完成本任务学习后，读者应对具体技术概要有所认知并掌握其在相关应用场景发挥的作用。

知识拓展

智能施工管理领域涉及许多成功案例。以下是一些具有代表性的智能施工管理成功案例：

中国国家大剧院：利用智能施工管理技术实现了对工程进度、质量和安全的精细管理，通过建模、数据分析和实时监控等手段，提高了施工效率和质量。

曼哈顿西区第五大道项目：采用智能建筑信息模型（BIM）和虚拟现实技术，实现了施工过程的可视化和协调，提高了团队间的沟通效率，减少了冲突和错误。

赫尔辛基地铁扩建项目：通过智能施工管理系统，实现了对施工进度、物资管理和人员调度的实时监控和协调，有效提高了施工效率和工程质量。

上海迪士尼乐园项目：运用智能施工管理技术，实现了对施工现场的数字化管理，包括进度管理、人员管理和质量控制等，确保了工程的顺利进行和高质量交付。

新加坡滨海湾花园项目：通过智能施工管理系统，实现了施工进度的优化和协调，提高了施工效率和资源利用率，同时保证了施工安全和质量。

这些案例展示了智能施工管理在不同类型的工程项目中的应用和效果，通过智能技术和管理方法的应用，实现了施工过程的优化、协调和可视化，提高了项目的效率、质量和安全性。这些成功案例对于智能施工管理的推广和应用提供了有力的参考和借鉴。

习题与思考

一、填空题

1. 智能施工管理涉及的十大关键技术是_____、_____、_____、_____、_____、"虚拟现实 VR、增强现实 AR、混合现实 MR 和扩展现实 XR"、云计算技术、边缘计算技术、大数据技术及新一代

习题参考答案

通导遥等。

2. BIM 作为智能施工管理关键技术之一，它的全称为＿＿＿＿＿＿＿＿，它的主要作用在于为建筑项目建立三维模型，并在建筑项目的全生命周期内准确管理建筑信息，协助各方协同工作、共享数据。

二、简答题

智能施工管理在智能建造中扮演着重要的作用和地位。它的核心价值有哪些？

三、讨论题

检索"智能施工管理其他相关技术"，同学们分组讨论其在相关应用场景发挥的作用。

项目 1.2　智能施工管理平台

教学目标

一、知识目标

1. 了解智能建造平台；
2. 了解智能施工管理平台在智能建造中的作用和地位。

二、能力目标

1. 能够正确理解智能建造运管平台解决的问题和解决方式；
2. 能够正确理解智能施工管理平台在智能建造中的作用。

三、素养目标

1. 能够了解我国智能建造的发展趋势，坚定理想信念；
2. 能够熟悉智能施工管理平台的基本概念和功能。

学习任务

主要了解智能建造运管平台的基本内容及智能施工管理系统。

建议学时

4 学时

思维导图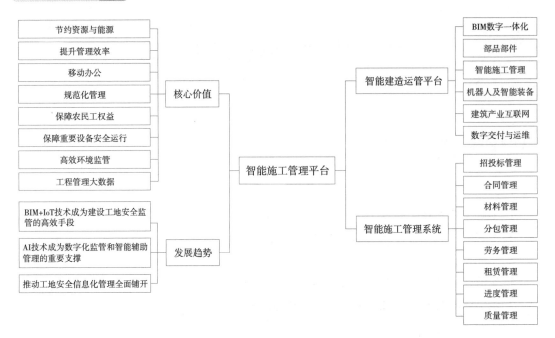

任务 1.2.1 认识智能建造运管平台

【任务引入】

　　智能建造运管平台是运用信息化、自动化、智能化等新兴技术手段，通过"人、机、料、法、环、品"六大生产要素，融合了绿色化建造、工业化建造、数字化建造，实现工程安全、品质提升、绿色低碳、降本增效的新一代数字化工程建造综合管理平台，平台拥有 BIM+ 数字一体化设计、部品部件智能生产、AI+ 智慧工地、建筑机器人及智能装备、建筑产业互联网、智慧建筑运维六大应用构成智能建造运管体系，打造了项目的贯通管理；纵向上在每个维度通过串联政府监管、企业管理、项目应用，实现了多级互通，多层应用，多维管理的立体管理。

【知识与技能】

1.BIM 数字一体化

（1）BIM 数字一体化的内涵

BIM 是指在建设工程及设施全生命周期内，对其物理和功能特性进行数字化表达，

并依此进行设计、施工、运营的过程和结果的总称。BIM 技术能够帮助工程
人员进行协同设计、三维可视化、虚拟模拟以及数据集成。通过建设 BIM 数
字一体化平台，能够打破信息孤岛，并实现项目建造数字化 5D 模拟，直观反
映建筑建设各阶段的进展情况，对项目的各参与方及专业进行统一协调，确
保项目计划目标的最终实现。

BIM 数字一体化

（2）BIM 数字一体化的核心价值

1）打通数据壁垒，实现数据汇集；

2）串联设计流程，打造 5D 模型；

3）全程数字管理，优化队伍结构；

4）实时查看进度，节点可视跟踪；

5）成效同步比对，及时纠正错误。

（3）BIM 技术的数字化应用

BIM 技术可以帮助工程人员进行协同设计、三维可视化、虚拟模拟以及数据集成。
利用 BIM 技术，通过统一平台集成各模型，打破信息孤岛，并实现项目建造数字化 5D
模拟，直观反映建筑建设各阶段的进展情况，对项目的各参与方及专业进行统一协调，
通过协作配合以及资源共享，以期达到项目计划目标的最终实现。

碰撞检测及三维管线综合的主要目的是基于各专业模型，应用 BIM 三维可视化技术
检查施工图设计阶段的碰撞，完成建筑项目设计图纸范围内各种管线布设与建筑、结构
平面布置和竖向高程相协调的三维协同设计工作，尽可能减少碰撞，避免空间冲突，避
免设计错误传递到施工阶段。

2. 部品部件

（1）部品部件的内涵

装配式混凝土结构作为一种工业化建筑结构的形式逐渐被重新关注。装
配式混凝土结构就是将混凝土结构拆分为多种预制构件单元（梁、柱、楼板
等），在预制构件工厂浇筑成型，再运输至施工现场，吊装就位进行连接点施
工，形成的装配式结构。

部品部件

随着行业发展，项目在预制混凝土构件（后续统称"部品部件"）业务上的精细化管
理要求逐步提升，但受限于构件产品的非标件特殊形态，当下部品部件业务运转、进度
管控严重依赖大量的人工统计及干预。旧的管理模式难以跟进项目部品部件精细化管理
的步伐，在部品部件管理成本上有较大提升空间。当下部品部件项目管理急需一套标准
化、信息化工具，用标准化、流程化、数字化的手段，辅助项目管理，提升管理效率，
降低管理成本，实现项目级部品部件的一网统管。

（2）部品部件的核心价值

部品部件管理系统的价值主要有五个方面：

1）进度可视：对部品部件的设计、生产及施工全过程信息数据，进行可视化管理。

2）一物一码：对部件设置唯一身份码标识，运用极低成本实现"一物一码"赋能。

3）质量溯源：对构件从设计、采购、加工、运输、安装、交付全过程进行质量验收和追溯管理。

4）订单管控：对构件进行生产排期，管理厂商发货运输信息，提高构件进场效率，解决盘点构件延期等问题。

5）数据看板：对项目构件需求量、订单量、生产状况、运输情况实时监控，对数据进行多终端查看。

（3）部品部件的数字化管理

基于BIM技术的部品部件管理系统，可用于部品部件设计、加工、运输、吊装全过程统管。该系统采用相应的编码系统对BIM模型信息进行轻量化处理，将构件信息存储于数据库中进行管理应用。在此数据基础上，系统针对多角色、多厂商之间的协同流程和管理要点，以项目构件库和进度管控为系统核心，通过移动端和PC端进行信息交互及全周期的管理。同时各厂商单位也可采用API接口与系统内部相关部件生产系统数据对接，进一步实现部品部件在项目上的精细化一网统管。

通过将建筑信息模型进行轻量化展示，部品部件全过程的实时跟踪展示，系统支持对图纸文件进行保存及迭代管理，另外，图纸的变更通知也能够进行实时共享。

系统支持对构件管理信息进行精准记录，每道工序的操作人、操作时间、操作结果都能够在系统中被精准记录，做到管理信息全程留痕，管理步骤清晰可控，管理难度大大降低，如图1-2-1所示。

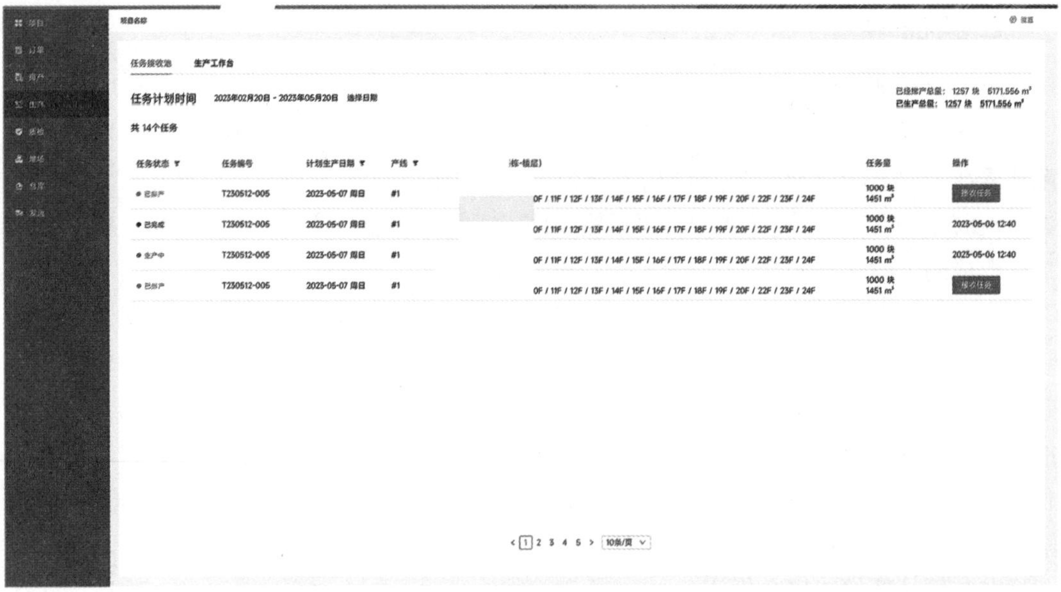

图1-2-1 构件生产管理

通过在构件上安装唯一标识码，运用移动端和 PC 端相结合的方式，各级用户均能够使用手机扫码的方式在移动端进行部品部件图纸预览、订单状态更新等操作，解决了只能通过移动端了解构件信息、不能及时指出构件问题的弊端，实现了不同用户随时随地的协同办公，体现了移动协同信息的高效、共享特性，如图 1-2-2 所示。

图 1-2-2 移动端

3. 智能施工管理

（1）智能施工管理的内涵

智能施工管理是综合运用物联网、云计算、人工智能、移动互联网、BIM、GIS 等技术手段，对人员、设备、安全、质量、物料、成本、生产、环境等要素在施工过程中产生的数据进行全面采集和处理，并实现数据共享与业务协同。

（2）智能施工管理的数字化管理

通过建立智能施工管理平台对项目安全、质量及环境进行监管，在工地现场布置多项应用点，全方位提升施工数字化、智能化管理水平。另外，通过项目全周期数据采集，对特种机械设备进行安全监管，使用"一机一档"，对设备运行数据和项目的用水用电等能耗数据进行实时监测和管控，实现智能化信息化管控，节约资源与能源，做到从"人防"到"技防"的数字化转变。

智能施工管理

4. 机器人及智能装备

（1）机器人及智能装备的内涵

机器人及智能装备是用于建筑工程方面的工业机器人及智能装备产品。广义上，建筑机器人及智能装备囊括建筑全生命周期（勘测、施工、维护、检修、清拆等）的所有机器人及设备。通过对比机器人和工人的效率，可以发现机器人能够有效地替代人工完成苦脏累险的工作，解决劳务短缺、年龄老化的问题，降本增效，切实提高企业利润。

机器人及智能装备

（2）机器人及智能装备的数字化管理

通过打造智能机器人管理系统，能够实现对机器人和领航员资源集中管控，实现机器人作业状态实时监控、作业进出场集中管理、操作人员统一调配，掌握机器人在项目施工的进度情况，确保应用模式落地并提升机器人使用效率，如图 1-2-3 所示。

5. 建筑产业互联网

（1）建筑产业互联网的内涵

建筑产业互联网是通过综合应用建筑信息模型技术及云计算、物联网、

建筑产业互联网

图1-2-3　机器人及智能装备管理系统

人工智能等新一代信息技术，以服务建筑工程项目生产、管理、监管为主，覆盖建筑业全产业链，促进建筑业各垂直产业领域内人、物、事及垂直产业间、企业间、企业与用户间，互联互通、线上线下融合、资源与要素协同，以实现产业链资源与价值有机整合优化，降低整体产业运行成本，提高整体产业运行质量与效率的一种新型的建筑产业发展平台。

（2）建筑产业互联网的数字化管理

建筑产业互联网涵盖云劳务、云集采、云设备三大模块，通过对接政府产业工人管理系统，实现项目人员实名制集中管控。通过对接招标集采平台，实现项目招标和物资采购集中管控。通过对接企业设备管理平台，能够实现项目设备统一调度、集中管控。

云劳务平台能够为管理者提供在线查看需求工种、工作时间、工作地点的功能。帮助用户实现信息透明化，保障劳工切身利益。同时，也能规避劳工资质不过关的情况，进一步保障工地的安全和合规，如图1-2-4所示。

云集采平台将传统的线下集采流程线上化，一站式解决招标、投标、中标的全流程信息追溯问题，对集采过程实现科学化、透明化管控，节省了采购方时间成本、人力成本，同时提升了采购管理精细化程度。

云设备平台能够严格把控供给侧的资质、库存，能够给予需求侧更加具体的设备价格、数量等情况。平台的建立提升了租赁的效率，避免因设备、周转材料不到位而产生的工期延误等情况。

6. 数字交付与运维

（1）数字交付与运维的内涵

智能建造的成果必然是绿色低碳、安全舒适、智慧高效的工程产品，而

数字交付与运维

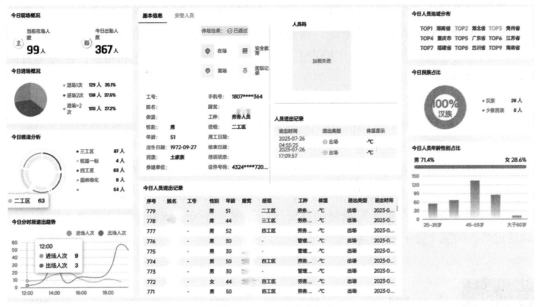

图 1-2-4 云劳务看板

对于建造成果的交付和运维需建立相对应的成果数字化交付、审查及存档系统,推进基于二维图纸的、探索基于 BIM 的数字化成果交付、审查和存档管理。

(2)数字交付与运维的数字化应用

通过将项目上的模型、图纸、文档标准化、集中化归档,逐步推进项目工程档案数字交付,在数字化交付基础上,通过关联项目设备生产厂商、质保等信息,实现真正意义上的数字化交付,如图 1-2-5 所示。

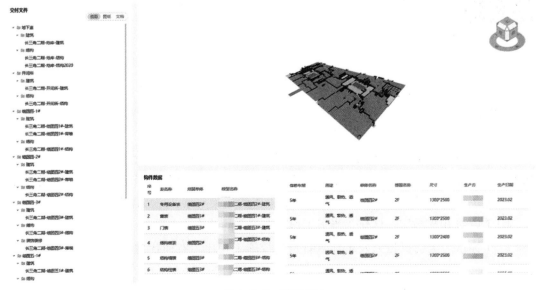

图 1-2-5 数字交付

数字运维是指利用 BIM+IoT 技术，构建智慧建筑运维综合信息管理平台，与现有的信息设施系统、建筑设备管理系统、信息化应用系统、公共安全系统、机房系统等建筑系统之间的智能化对接与整合，实现对建筑空间、资产、安全、建筑维护、能源等方面的有效管理及虚拟展示分析。

通过统一数据平台，集成访客管理系统、信息发布系统、无线对讲系统等办公系统，并通过设备智能化控制、数据信息融合、软硬件与服务一体化实现高效办公。

基于场景对楼宇内供配电、给水排水、照明系统详细运维管理，依托楼宇设备自控系统、建筑能耗监测系统、智能照明系统、办公环境控制，实时掌握楼宇的能耗、设备运营数据，设备空间分布及运行工况，并实时自动调节能耗。

利用 BIM 和 IoT 技术，实现对项目资产、工单、环境、能耗等统一管控，从而实现绿色运维，如图 1-2-6 所示。

图 1-2-6　智慧运维系统

【任务实施】

智能建造运管平台是通过"人、机、料、法、环、品"六大生产要素，融合了绿色化建造、工业化建造、数字化建造，实现工程安全、品质提升、绿色低碳、降本增效的新一代数字化工程建造综合管理平台。请通过查阅相关文献，完成以下任务：

（1）说明 BIM 数字一体化为当下工程建造带来的改变。

（2）你认为当前机器人及智能装备与传统施工相比，有何优劣势？对于其劣势，你会如何改善？

【学习小结】

本任务主要介绍了智能建造运管平台是什么、智能建造运管平台包含了哪些具体内容。你觉得智能建造运管平台能够解决当下工程建设中的哪些问题？

任务 1.2.2　认识智能施工管理系统

【任务引入】

智能施工管理是综合运用物联网、云计算、人工智能、移动互联网、BIM、GIS 等技术手段，对人员、设备、安全、质量、物料、成本、生产、环境等要素在施工过程中产生的数据进行全面采集和处理，并实现数据共享与业务协同，最终实现全面感知、安全作业、智能生产、高效协作、智能决策、科学管理的施工过程智能化管理系统。

【知识与技能】

1. 智能施工管理系统的内涵

智能施工管理系统，是严格按照"责任全覆盖、监管全覆盖、保障全覆盖"的安全理念，牢牢把握"注重预防、依法依规、分类指导、综合治理"的安全管理规律，大力推进行业安全、质量、环境管理标准化，安全检查智能化，搭建一个综合性的管理平台，将各子系统统合起来，形成统一数据库，数据共享，实现建筑行业安全综合监管。

智能施工管理
系统的内涵

智能施工管理系统由"PC 端、手机端、大屏端"三端结合使用。将项目管理、人员管理、环境管理、机械设备管理、危大工程管理、能耗管理、风险管控、决策管理进行分类落实，实现具体应用具体管理。做到"建、管、控"三项高度结合。

2. 智能施工管理系统的核心价值

智能施工管理系统的核心价值主要有八个方面：
（1）节约资源与能源
智能化信息化管控，节电、节水、节地、节材。
（2）提升管理效率
解决资源有限，无法全方位检查和监管的问题。

智能施工管理
系统的核心价值

（3）移动办公提效

通过手机 APP 实时掌握工地现场情况，及时处理。

（4）规范化管理

通过信息化手段完成安全教育、施工交底、工法工艺培训，留档可查。

（5）保障工人权益

实时记录工人务工考勤情况，保障工人的合法权益，避免劳资纠纷。

（6）保障重要设备安全运行

对特种机械设备进行安全监管，一机一档，数据实时监测，全周期管控。

（7）高效环境监管

对施工现场的环境进行监管，为文明施工执法提供有效依据。

（8）形成工程管理大数据

项目全周期数据采集，方便查询追溯，辅助决策。

3. 智能施工管理系统发展趋势

伴随着信息技术的发展、4G 网络普及和 5G 网络推广、设备计算能力稳步提高、移动设备进一步普及，应用数字化手段监管施工现场安全已经成为未来趋势。

智能施工管理
系统发展趋势

（1）BIM+IoT 技术成为建设工地安全监管的高效手段。BIM 技术具有空间定位和记录数据的能力，可以快速准确定位建筑设备组件；物联网（IoT）通过智能感知、识别技术与普适计算，广泛应用于网络的融合中；5G 应用加速了电子信息的传输速度及精准度；云计算的发展加速了 AI 识别能力，这些技术的逐渐普及为建筑行业推进智能建造提供了新的契机，实现建设施工环境智能空间、智慧建造已成为建筑业发展的目标。但是，目前物理空间与信息空间相互独立，数据传递存在滞后性，导致虚实空间无法实时交互与融合。鉴于此现状，数字孪生作为实现信息空间与物理空间融合的技术手段引起了广泛的关注。

（2）AI 技术成为数字化监管和智能辅助管理的重要支撑。建筑工程施工安全管理亟待向智能化管控发展，但施工工地的智能空间建设并未形成一个有机的整体。我国建筑业产值逐年递增，建筑业规模仍然处于持续快速发展的阶段，同样面临的问题是施工安全的监管难度变大、环境保护问题严峻，因此安全智能化系统应进一步深入研究应用，充分发挥其智慧功能。

（3）推动工地安全信息化管理全面铺开。目前在全国范围内，已有多个工地开始试点应用基于人工智能图像识别技术的管理系统。充分发挥数字孪生技术的应用潜力，能够为工程项目提供更精准快速的管理手段。

4. 智能施工管理系统技术原理

智能施工管理系统针对施工现场安全中的突出问题，采取数字孪生技术提升安全管理水平，研究方法由"问题导向＋原因分析＋管控措施＋技术解

智能施工管理
系统技术原理

决方案"几部分组成。建筑安全生产重大难点问题分析，通过调研、统计、现场踏勘等方式，形成调研分析报告。

（1）建筑安全生产问题产生的原因分析，通过施工技术专家、安全管理专家研讨方式，分析主要问题产生的原因及要素；

（2）梳理国内外建筑安全生产相关的控制措施，特别是发达国家的建筑安全生产措施，形成措施及建议；

（3）研发建筑安全生产技术解决方案，以领先和创新的数字孪生技术，建立安全生产信息化平台，通过物联网和人工智能等高科技手段，全面提高建筑安全生产水平；

（4）结合示范项目，进行安全措施和技术解决方案的示范应用研究，同时评价应用效果，改进研究成果，形成大范围推广的意见和建议。

智能施工管理系统技术路线图，如图 1-2-7 所示。

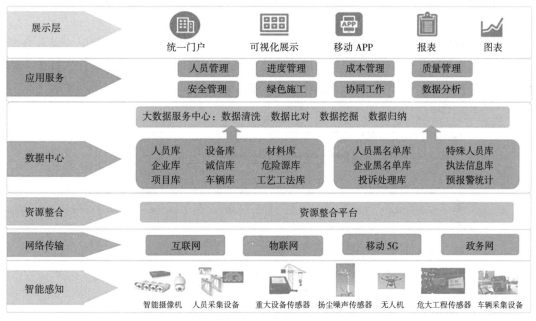

图 1-2-7　智能施工管理系统技术路线图

智能施工管理系统框架自下而上主要包含设备层、平台层、应用层三个层面；其中设备层又分为感知层、网络层；平台层分为基础服务层、平台服务层；应用层分为管理层、展现层。

1）感知层：感知层包含消防、基坑监测、塔式起重机、高支模、升降机、卸料机、扬尘、喷淋、车辆识别、车辆智能冲洗、AI人脸识别、基站、安全帽、考勤闸机、声光报警等智能化物联设备。

2）网络层：网络层主要包含局域网、4G/5G、互联网。

3）基础服务层：包含物联云平台大数据处理 hadoop、spark、流式计算 stream、大数据存储 hive、hbase 等大数据组件。

4）平台服务层：主要包含以 BIM、GIS、IoT、FM 四大数据为支撑，对内提供数据管理、数据可视化、建筑建模、AI 分析，对外提供数据接口服务。

5）管理层：主要包含项目管理、劳务管理、车辆管理、教育管理、安全质量管理、智能化物联设备管理。

6）展现层：主要提供综合指挥中心、实时监测智能报警、实时视频联动、公共账号 APP 等展示应用。

5. 智能施工数字化管理

智能施工管理通过对施工过程中的招标投标、合同、材料、分包、劳务、租赁、进度、质量等信息进行数字化统一整合，解决了施工过程中各类业务分开处理、缺少统一"扎口"的痛点，实现项目管理的"高效协同、精细管理"，最大化协调各方面资源、提高协同工作效率、提升管理，为项目部内部管理提供了优质解决方案。

智能施工数字化管理

劳务管理模块是对劳务合同进行管理，记录与劳务班组的合同信息登记，录入合同名称、合同金额、合同类型、开始时间、结束时间、所属项目、劳务班组、签订人、结算方式、付款方式、签约时间等，如图 1-2-8 所示。

劳务合同

基本信息

日期：2020-05-01	*合同编号：202006-00008		*合同名称：	
*所属项目：		*合同类型：劳务合同		*合同金额：147,210.00
金额大写：壹拾肆万柒仟贰佰壹拾元整	*开始日期：2020-05-15	结束日期：2020-10-15		*劳务班组：李小平施工队
*结算方式：分段结算	预付款：0.00	保证金：0.00		*付款方式：按合同付款
签订人：吴彪				

付款条件：
(1) 办理进度款时，必须按甲方要求提供班组工人花名册及工人工资表，否则甲方有权延迟支付进度款；
(2) 每月进度款按甲方审核确认金额的70 %于下月25日前支付。
(3) 结算付款至85%，剩余15% 年内分期付清

主要条款：按合同约定，同时履行业主、监理及甲方的相关技术文件、质量、安全、环保要求。

备注：

合同附件　单个上传　批量上传

文件名称	上传人	上传时间		
劳务合同扫描件.pdf	admin	2020-05-15 15:40:13	查看　下载　链接	

*工程量清单　增行　删行

序号	*编号	*工作内容	*单位	*工程量	*单价	合价
1	1.1	包括模板支架搭设	m²	32.00	80.00	2,560.00
2	1.2	包括模板拆、即落地	m²	390.00	30.00	11,700.00
3	1.3	包括模材料的场内运输、码堆、垃圾清理	m²	430.00	20.00	8,600.00
4	1.4	包括模板、木方条、支架、顶托	m²	540.00	50.00	27,000.00
5	1.5	包括铁钉、铁线、步步紧、螺杆	m²	230.00	40.00	9,200.00
6	1.6	止水螺杆、螺帽、三形卡等	m²	430.00	205.00	88,150.00
7						
8						
合计：147,210.00	金额大写：壹拾肆万柒仟贰佰壹拾壹元整					

图 1-2-8　劳务管理模块

　　租赁模块实现租赁管理，宜包括下列功能：具备租赁相关企业注册、信息及信用查询等功能；具备租赁需求信息发布功能；具备租赁供应商展示、查询等功能；具备租赁招标投标及交易功能；具备租赁物资出库、运输、交货、使用、归还全过程闭环管理功能。

　　质量管理模块实现对质量巡检及质量验收的管理。质量巡检对项目名称、质检员、检查部位、检查情况、纠正、预防措施、备注等进行管理；质量验收对项目名称、填报人、部位、质量问题、整改内容、现场图片、指派人员、指派时间、整改要求时间、整改情况反馈等管理。

图 1-2-9　进度管理

　　项目进度控制的主要管控进度填报、施工日志、施工签报和质量控制等，项目现场的进度数据可以以实时在线的方式汇总至系统中，方便管理人员准确了解项目进展，也能为后续的款项结算提供准确的审核依据，如图 1-2-9 所示。

【任务实施】

　　智能施工管理系统应用是进入施工现场必须具备的基本技能，也是对施工过程进行管控的主要手段。请读者查阅文献，总结出目前国内使用的智能施工系统主要包括的功能，用自己的语言，解释智能施工管理系统主要优势。

【学习小结】

　　本任务主要对智能施工管理系统的技术原理、系统内容做了详细的介绍。你觉得目前智能施工管理系统应用过程中主要解决的问题是什么？如何才能更好地应用智能施工管理系统？

知识拓展

　　在工程施工过程中，智能施工管理平台往往会和其他相关系统做集成，其目的和需求是为了实现施工过程的数据共享、协同工作、全过程管理、决策支持、施工效率提升和质量提高。通过集成系统，可以提高整体的施工管理水平，实现更高效、更精确、更可靠的施工管理。为了实现智能施工管理平台与其他相关系统的集成，实现数据的共享、协同工作和一体化管理，集成涉及一些关键要素包括：

（1）数据交换和共享：确保不同系统之间可以进行数据交换和共享是集成的关键要素之一。需要定义数据的格式、标准和结构，以确保数据在系统之间的正确传递和解析。

（2）接口标准和协议：定义系统之间的接口标准和通信协议是集成的重要因素。通过统一的接口标准，可以确保系统之间能够互相识别和交互，并进行数据传输和操作。

（3）数据映射和转换：由于不同系统可能使用不同的数据结构和格式，需要进行数据映射和转换，以实现数据的无缝集成。这包括数据字段的映射、数据格式的转换和数据一致性的维护。

（4）集成接口的设计和开发：针对不同系统的集成，需要设计和开发相应的集成接口。这包括接口的功能设计、数据传输方式的选择、安全性和稳定性的考虑等。

（5）集成测试和验证：在集成完成后，需要进行集成测试和验证，确保系统之间的集成运行正常，并满足预期的功能和性能要求。测试包括数据传递的准确性、系统的相互依赖性、操作的一致性等。

（6）安全和权限控制：在系统集成过程中，安全性和权限控制是重要的关键要素。需要确保数据在传输和共享过程中的安全性，同时为不同的用户和角色分配适当的权限和访问控制。

习题与思考

一、填空题

1. 部品部件管理系统作为智能建造运管平台的核心组成部分之一，它主要有_____、_____、_____、_____及_____五方面应用价值。

习题参考答案

2. 智能施工管理系统针对施工现场安全中的突出问题，以数字孪生技术提升安全管理水平，研究方法由_____、_____、_____及_____四部分组成。

二、简答题

1. 智能施工管理系统的内涵是什么？

2. 智能施工管理系统的核心价值是什么？

三、讨论题

请同学们结合智能施工管理系统的数字化管理，根据施工过程管理需求，讨论其还可以做哪些方向的管理？

模块 ②

智慧工地

项目2.1 智慧工地现场管理

教学目标

一、知识目标

1. 认识和了解智慧工地；

2. 认识和掌握智慧工地关键要素及核心功能；

3. 认识和掌握智慧工地关键支持技术；

4. 掌握智慧工地管理平台使用主要步骤和程序。

二、能力目标

1. 能说明智慧工地各部分主要功能和作用；

2. 能布设施工现场监测监控设备；

3. 能分析施工现场监测监控数据；

4. 能处理施工现场预警或报警问题。

三、素养目标

1. 具有良好倾听和沟通的能力，能有效地获得各方资讯；

2. 能正确表达自己观点，学会科学分析问题、有效解决问题；

3. 具有一定的创新素质，学会发现问题并创造性地解决问题；

4. 崇尚技术技能，培养职业素养、工匠精神。

学习任务

了解智慧工地主要功能、建设方案和现场实施与管理。

建议学时

8学时

思维导图

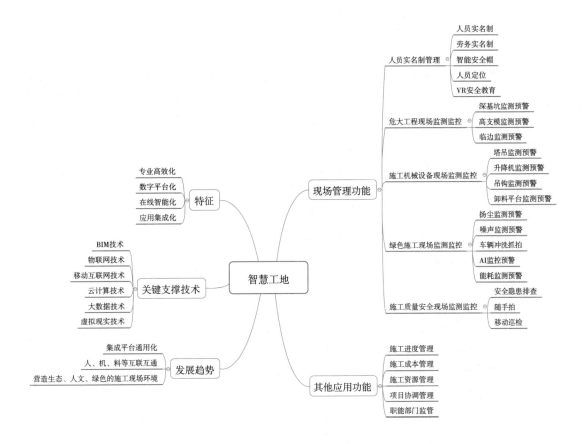

任务 2.1.1　认识智慧工地

【任务引入】

　　2017 年 2 月 21 日，国务院办公厅发布了《国务院办公厅关于促进建筑业持续健康发展的意见》（国办发〔2017〕19 号），明确提出推进建筑产业现代化，其核心是借助工业化思维，推广智能和装配式建筑，也就是通过标准化设计、工厂化生产、装配化施工、一体化装修、信息化管理、智能化应用，实现建筑产品像制造飞机、汽车一样的装配化生产制造，推动建造方式创新，提高建筑产品的品质。在此背景下，智慧工地成为未来建筑业发展的主流趋势。

【知识与技能】

1. 智慧工地的概念

智慧工地是一种崭新的建设工程全生命周期管理理念，是建筑信息化与工业化融合的有效载体，是建立在高度信息化基础上的一种支持人、物全面感知、施工智能快捷、工作互通互联、信息协同共享、决策科学分析、风险智慧预控的新型施工管理手段。它利用信息化手段对工程项目进行精确设计和施工模拟，聚焦工程施工现场、围绕施工过程管理，建立互联协同、智能生产、科学管理的施工项目信息化生态圈，紧扣人、机、料、法、环等关键要素，综合运用BIM、物联网、云计算、大数据、移动计算和智能设备等软硬件信息技术，与施工生产过程相融合，提供过程趋势预测及专家预案，实现工地施工的数字化、精细化、智慧化生产和管理，实现智能建造。

智慧工地的概念

2. 智慧工地的特征

随着人工智能的发展，智慧工地将具备"类人"的思考能力，机管将逐步替代人管，即信息管理平台指挥和管理智能机具、设备完成建设项目整个建造过程，实现建造方式的彻底转变。结合智慧工地实施现状和发展趋势，可得出以下4个基本特征：

智慧工地的特征

①专业高效化。以施工现场一线生产活动为立足点，实现信息化技术与生产过程深度融合，集成工程项目各类信息，提供专业化决策与管理支持，提升现场一线业务工作效能。

②数字平台化。促成施工现场全过程、全要素数字化，构建信息集成处理平台，保证数据实时获取和共享，提高现场管理与协同效能。

③在线智能化。实现虚拟与实体互联互通，实时采集现场数据，强化数据分析与预测支持，辅助领导进行科学决策和智慧预测。

④应用集成化。完成各类软硬件信息技术的集成应用，实现资源最优配置与应用，满足施工现场变化多端的需求和环境，保证信息化系统的有效性和可行性。

3. 智慧工地应用范围

为了对施工现场数据进行集中管控，建立闭环的处理流程，实现对施工现场的可管、可控、可跟踪，智慧工地的建设需要围绕人、机、料、法、环全要素展开，应用形式为安全、质量、进度、成本等方面的落地，具体包括人员管理、施工策划、施工进度、机械设备、物料管理、成本管理、质量管理、安全管理、绿色施工、项目协同管理、集成管理平台和智慧工地行业监管等方面应用。

智慧工地应用
范围

4. 智慧工地建设意义

打造智慧工地，助力每个工程项目顺利完工，对企业及行业发展有着重要的意义，主要表现在以下三方面：

智慧工地建设
意义

①有效提高施工现场工作效率。智慧工地通过先进技术的综合应用，让施工现场感知更透彻、互通互联更全面、智能化更深化，大大提高现场作业人员的工作效率。首先，智慧工地可以提高施工组织策划的合理性，保证工作人员工作量均衡、工效较佳，使施工整体效率处于良好状态；其次，可以合理优化资源配置，智慧工地的应用可以实现现场材料、设备和场地布置等的有序管理，保证机械设备、材料场地布置的合理调配；最后，可以提高现场人员沟通效率，通过手机端和云平台实现随时随地沟通，并可通过视频会议、巡检日志及整改跟踪来共同解决现场问题。

②有效增强施工现场生产的综合管控能力。首先，智慧工地可以实现对人员、设备、物资的实时定位，有效获取人员、机械设备、物资的位置、时间和轨迹等信息，提高应急响应速度和事件处置速度，形成人管、技管、物管、联管、安管"五管合一"的立体化管控格局，变被动式管理为主动式智能化管理；其次，可以实现项目资源信息与基础空间数据的结合，构造一个信息共享的、集成的、综合的施工管理和决策支持平台，实现经济效益和社会效益的最大化；最后，可以有效支持现场作业人员、项目管理者、企业管理者各层协同和管理工作，提高对施工安全、质量、进度和成本的控制效率，有效加强对工程项目的精益化管理。

③有效提升行业监管和服务能力。通过智慧工地的应用，建立基于BIM、物联网、移动通信等技术的工程安全、质量监管平台，及时发现安全隐患，规范质量检查、检测行为，保障工程质量，实现质量溯源和劳务实名制管理；促进诚信大数据建立，有效支撑行业主管部门对工程现场的质量、安全、人员的监管和服务。

总之，智慧工地是智能建造的关键支撑，可使现场人员工作更智能化、项目管理更精细化、项目参建者更协作化、建筑产业链更扁平化、行业监管与服务更高效化和建筑业发展更现代化。

5. 智慧工地发展趋势

①集成平台通用化。随着工地的标准化和统一化，智慧工地平台能够适用于大多数工地实际情况，平台建设逐步实现轻量化、低耦合，能够移植并适用于各种终端；另外，智慧工地的平台接口和数据接口实现统一的标准化和可扩张性。

智慧工地发展
趋势

②人、机、料等互联互通。实现专项信息技术与建造技术有机融合，为企业决策层提供科学的决策依据，项目内部无障碍沟通，项目管理协调顺畅。

③营造生态、人文、绿色的施工现场环境。可见，未来智慧工地将通过各种先进技术手段进一步与项目管理进行融合和交互，提高企业的科学分析和决策能力。通过集成

工地物联网，在大数据的基础上利用云计算等先进技术手段进行数据的深层挖掘，对大数据进行应用分析，与更多的信息化系统或物联网系统进行融合，最终在平台实现数据集成和应用集成。未来智慧工地将通过各种先进技术的综合应用，推动建筑行业向更加自动化和智能化的智慧化趋势发展。

6. 智慧工地建设思路

智慧工地建设思路

智慧工地建设旨在变被动"监督"为主动"监控"，实现智能施工管理。目前，不同单位或项目对智慧工地建设的思路，可总结为以下四点：①满足现场工作，同时满足监管的需要；②整体规划，分步实施；③采取自建和购买服务相结合的方式建立系统；④建立配套的岗位流程制度。智慧工地应用层次系统配置及关联内容如图 2-1-1 所示。

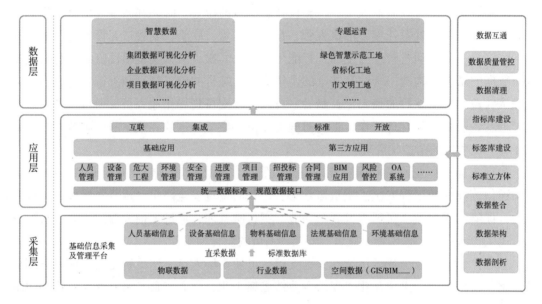

图 2-1-1 智慧工地建设思路

通过"一张图"监管项目状态、项目分布、项目地域及项目概况等信息，做到"一图看清""一图看穿"、落实责任、闭环管理。

通过"两中心"实现企业中心和项目中心同步管理，两级数据穿透，满足各层级管理人员的需求。

通过"三层级"基础数据采集层、具体应用层、数据呈现层，实现数据实时高效运转，灵活呈现。

7. 智慧工地建设内容

如图 2-1-1 所示，智慧工地建设内容围绕人、机、料、法、环等关键要素，主要包括项目管理、人员管理、环境管理、安全管理、机械设备管理、危大工程管理、能耗管理、风险管控、决策管理等内容，见表 2-1-1，实现具体应用具体管理、"PC 端、手机端、大屏端"结合使用以及"建、管、控"高度融合。

智慧工地建设内容

智慧工地建设内容 表 2-1-1

序号	内容	具体事项
1	项目管理	项目概况
		五方责任主体管理
2	人员管理	劳务实名制管理系统
		安全帽智能识别及智能喊话系统
		人员定位管理系统
		VR 安全教育管理系统
3	环境管理	扬尘监测联动雾炮喷淋管理系统
		车辆未冲洗抓拍系统
		AI 视频监控
4	安全管理	安全隐患排查
		随手拍
		移动巡检
		安全文明措施费
5	机械设备管理	塔式起重机管理系统
		升降机管理系统
		吊钩视频管理系统
		卸料平台监控系统
6	危大工程管理	深基坑支护监测系统
		高支模监测系统
		高处作业临边防护
7	能耗管理	智慧用电
		智慧用水
8	风险管控	风险源预警
9	决策管理	项目端数据大屏
		企业端数据大屏

基于智慧工地建设内容，所需硬件设备主要有闸机、红外测温摄像头、枪机、球机、塔机监测加吊钩可视、升降梯监测（双笼）、车辆识别系统、自动喷淋控制、环境监测、智能水表、智能电表、AI 识别系统、VR 安全教育系统、智能广播、智能烟感等，施工现场布置情况如图 2-1-2 所示。

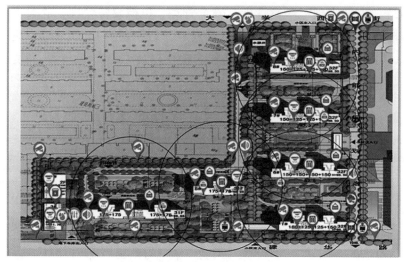

图 2-1-2　施工现场硬件设备布置

　　如图 2-1-3 所示，将应用数据汇总上传至智慧工地可视化决策平台，打造智慧工程数据底图，融合多规合一数据，形成多用途专题应用，为智能施工管理提供数据支持。

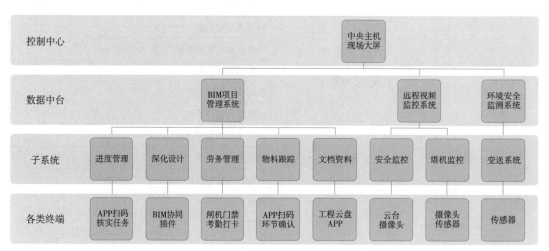

图 2-1-3　智慧工地应用数据链

8. 智慧工地建设要求

　　智慧工地建设应严格按照"责任全覆盖、监管全覆盖、保障全覆盖"的安全理念，牢牢把握"注重预防、依法依规、分类指导、综合治理"的安全管理规律，大力推行行业安全、质量、环境管理标准化、安全检查智能化，实现"一套标准、一个数据库、一个云服务平台"的施工安全综合监管。

智慧工地建设
要求

9. 智慧工地建设雏形

智慧工地通过智能化手段对工程施工进行"AI 管控"风险源自动报警及"人工管控"风险源精确排查,双管齐下,提升管理功效,解决监管难题。智慧工地现场实况如图 2-1-4 所示。

智慧工地建设
雏形

图 2-1-4 智慧工地现场实况

【任务实施】

小组活动,通过查阅相关文献,小组研讨:(1)什么是智慧工地;(2)智慧工地能有效解决传统施工中的哪些问题;(3)结合所学知识,说明智慧工地建设应包括哪些内容。

【学习小结】

智慧工地绕人、机、料、法、环全要素展开,实现工地施工的数字化、精细化、智慧化生产和管理,实现智能建造。

智慧工地具有专业高效化、数字平台化、在线智能化和应用集成化等特征。

智慧工地建设依托关键技术:BIM 技术、物联网技术、移动互联网技术、云计算技术、大数据技术、虚拟现实技术等。

智慧工地未来发展趋势主要有:集成平台通用化,人、机、料等互联互通,营造生态、人文、绿色的施工现场环境等。

任务 2.1.2　人员实名制管理

 【任务引入】

项目管理的核心是人的管理，只有保证了施工人员的过程管控，才能确保项目管理的质量、安全、效率。而建筑施工现场人员结构复杂、流动性大，人员水平参差不齐，工人在自我管理上的意识淡薄，项目管理人员需要付诸更多的手段和精力参与到过程的管控当中，保障施工工人的管理效率。

 【知识与技能】

1. 人员实名制管理

（1）身份识别。作为人员管理的基础，项目管理人员需要核实入场的劳务工人身份，避免无关人员进入工地造成安全隐患。通过识别并统计工人的出入记录、统计在场的施工工时，有效保障劳务工人的权益。

人员实名制管理

（2）安全教育。施工现场安全教育一般分为首次进驻入场教育、常规班前教育以及专项教育等，利用智慧工地实现高频次、高质量的安全教育，培养施工人员安全作业意识，确保规范作业。在教育形式上，主要通过在线学习与问答以及沉浸式安全体验两方面来保障安全教育的常态化和有效性。安全教育作为监管部门监察必要环节之一，所有安全教育过程均需做好记录和存档。

（3）行为管控。施工现场环境复杂，安全隐患多。当工人进入工地之后，项目方需要保证在安全隐患频发的地方进行有效的提示提醒，确保不会因为工人的大意而导致人员伤亡。

（4）档案管理。随着产业化工人理念的推出，建筑工人也慢慢朝着职业化方向过渡。通过建立施工人员的档案管理，能够很清楚地了解施工工人的各项工作信息。而档案的内容在工人基础信息的基础上一般还涵盖如下几个方面：职业技能、在各项目间施工的职业履历、施工资质等；生活费、劳务费及在项目场所的消费记录；行业征信。基于工人的行为评估建立职业征信，通过征信的分级杜绝一些态度恶劣、品行不良的施工工人，征信低的工人则不再被允许进入工地施工。

2. 劳务实名制管理系统

劳务实名制管理子功能模块支持 IC 卡、人脸、手机卡、身份证等多种考勤方式、在场工种人数统计和入场教育在线查询等，如图 2-1-5 所示，规范用工、安全用工、高效用工。

劳务实名制管理
系统

图 2-1-5　人员实名制管理支持功能

（1）考勤预警。人员进出施工场地实名制考勤，未在规定时段实名考勤人员将被预警，如图 2-1-6 所示，并将预警信息同步至相关人员及责任人手机端。

（2）出勤考评。根据管理人员出勤统计（应出勤人数、实际出勤人数和出勤率）（图 2-1-7），作为施工和管理人员评优评先的主要依据。

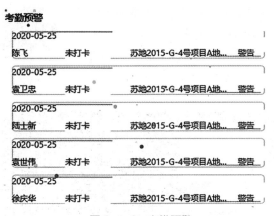

图 2-1-6　考勤预警

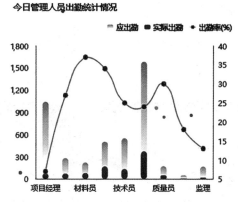

图 2-1-7　出勤统计

（3）限制进入。黑名单人员禁止进入工地，保证工地安全。

3. 安全帽智能识别及智能喊话系统

安全帽智能识别及智能喊话子功能模块采用视频图像智能识别技术，通过对前端视频数据进行边缘计算分析，智能抓取并保存特定行为和场景，并利用 IP 喇叭实时报警播报，具有便安装、易使用、好维护和少故障等特点，其工作原理如图 2-1-8 所示。

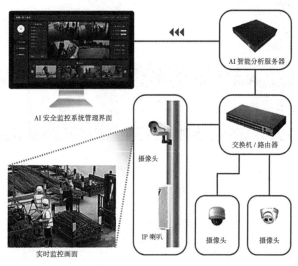

图 2-1-8　安全帽智能识别及智能喊话子功能模块工作原理

安全帽智能识别不仅仅局限于安全帽佩戴情况，还包括文明施工、部分危险源识别等，如图 2-1-9 所示。

（a）　　　　　　　　　　　　　　　　　（b）

图 2-1-9　安全帽智能识别

（a）安全帽佩戴行为识别；（b）烟火行为识别

通过核心算法及视频监控实时抓拍，数据直接上传至智慧工地监管可视化管理平台，对不合规行为直接通过 IP 喇叭实时报警播报，如图 2-1-10 所示，并将报警信息同步相关人员手机端，显著减少人工检查工时，提高施工管理效率。

安全帽智能识别
及智能喊话系统

图 2-1-10　安全帽智能识别及智能喊话子功能模块

4. 人员定位管理系统

人员定位子功能模块是实现人员精细化管理、提升施工场地安全指数的重要措施，精度要求具体到楼层，某员工活动轨迹如图 2-1-11 所示，且管理平台可实时查看在场人员具体位置。

人员定位管理
系统

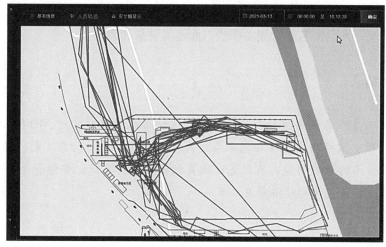

图 2-1-11　人员定位子功能模块

5. VR 安全教育系统

VR 安全教育子功能模块采用 VR、AR 及 3D 技术，结合 VR 设备、电动机械，全面考量施工安全隐患，以三维动态的形式全真模拟高处坠落、物体打击、机械伤害、坍塌伤害、触电伤害和火灾伤害 6 种典型伤害类型以及 30 个安全教育场景，如图 2-1-12 所示。施工及管理人员可通过 VR 体验馆"亲历"施工过程中可能发生的各种危险场景，掌握相应防范知识及应急措施，实现施工安全教育和培训演练的目的。

VR 安全教育系统

图 2-1-12　VR 安全教育子功能模块

同时，VR 安全教育子功能模块支持在线培训、签到、签退及考评等，形成培训电子台账，有效提升员工安全意识和档案归档效率。

 【任务实施】

小组活动，通过查阅相关文献，小组研讨：(1) 人员实名制管理解决了传统人员管理方式中的哪些不足？（2）人员实名制管理对智能施工管理的意义有哪些？（3）随着科学技术的发展，人员实名制管理在哪些方面还需更新和完善？

【学习小结】

智慧工地人员实名制管理一般具备门禁、指纹及人脸识别比对、RFID 识别等功能，采用实名制管理，该模块应包括信息采集、岗位职责、职业、门禁考勤、定位跟踪、薪酬、诚信度等方面的管理功能，有效完成人员数据采集、统计、查询和分析，并结合 AI 智能技术实现人员可视化的精准管理。

任务 2.1.3　危大工程现场监测监控

【任务引入】

根据《住房和城乡建设部办公厅关于实施〈危险性较大的分部分项工程安全管理规定〉有关问题的通知》（建办质〔2018〕31 号），危险性较大的分部分项工程（简称"危大工程"）是指房屋建筑和市政基础设施工程在施工过程中容易导致人员群死群伤或者造成重大经济损失的分部分项工程。

【知识与技能】

1. 危大工程范围

以基坑工程为例：①开挖深度超过 3m（含 3m）的基坑（槽）的土方开挖、支护、降水工程；②开挖深度虽未超过 3m，但地质条件、周围环境和地下管线复杂，或影响毗邻建、构筑物安全的基坑（槽）的土方开挖、支护、降水工程。

危大工程范围

以模板工程及支撑体系为例：①各类工具式模板工程：包括滑模、爬模、飞模、隧道模等工程；②混凝土模板支撑工程：搭设高度 5m 及以上，或搭设跨度 10m 及以上，或施工总荷载（荷载效应基本组合的设计值，以下简称设计值）10kN/m² 及以上，或集中线荷载（设计值）15kN/m 及以上，或高度大于支撑水平投影宽度且相对独立无联系构件的混凝土模板支撑工程；③承重支撑体系：用于钢结构安装等满堂支撑体系。

以起重吊装及起重机械安装拆卸工程为例：①采用非常规起重设备、方法，且单件起吊重量在 10kN 及以上的起重吊装工程；②采用起重机械进行安装的工程；③起重机械安装和拆卸工程。

以脚手架工程为例：①搭设高度 24m 及以上的落地式钢管脚手架工程（包括采光井、电梯井脚手架）；②附着式升降脚手架工程；③悬挑式脚手架工程；④高处作业吊篮；⑤卸料平台、操作平台工程；⑥异形脚手架工程。

以拆除工程为例：可能影响行人、交通、电力设施、通信设施或其他建、构筑物安全的拆除工程。

以暗挖工程为例：采用矿山法、盾构法、顶管法施工的隧道、洞室工程。

其他：①建筑幕墙安装工程；②钢结构、网架和索膜结构安装工程；③人工挖孔桩工程；④水下作业工程；⑤装配式建筑混凝土预制构件安装工程；⑥采用新技术、新工艺、新材料、新设备可能影响工程施工安全，尚无国家、行业及地方技术标准的分部分项工程。

2. 超危大工程范围

以深基坑工程为例：开挖深度超过 5m（含 5m）的基坑（槽）的土方开挖、支护、降水工程。

以模板工程及支撑体系为例：①各类工具式模板工程：包括滑模、爬模、飞模、隧道模等工程；②混凝土模板支撑工程：搭设高度 8m 及以上，或搭设跨度 18m 及以上，或施工总荷载（设计值）15kN/m² 及以上，或集中线荷载（设计值）20kN/m 及以上；③承重支撑体系：用于钢结构安装等满堂支撑体系，承受单点集中荷载 7kN 及以上。

以起重吊装及起重机械安装拆卸工程为例：①采用非常规起重设备、方法，且单件起吊重量在 100kN 及以上的起重吊装工程；②起重量 300kN 及以上，或搭设总高度 200m 及以上，或搭设基础标高在 200m 及以上的起重机械安装和拆卸工程。

以脚手架工程为例：①搭设高度 50m 及以上的落地式钢管脚手架工程；②提升高度在 150m 及以上的附着式升降脚手架工程或附着式升降操作平台工程；③分段架体搭设高度 20m 及以上的悬挑式脚手架工程。

以拆除工程为例：①码头、桥梁、高架、烟囱、水塔或拆除中容易引起有毒有害气（液）体或粉尘扩散、易燃易爆事故发生的特殊建、构筑物的拆除工程；②文物保护建筑、优秀历史建筑或历史文化风貌区影响范围内的拆除工程。

以暗挖工程为例：采用矿山法、盾构法、顶管法施工的隧道、洞室工程。

其他：①施工高度 50m 及以上的建筑幕墙安装工程；②跨度 36m 及以上的钢结构安装工程，或跨度 60m 及以上的网架和索膜结构安装工程；③开挖深度 16m 及以上的人工挖孔桩工程；④水下作业工程；⑤重量 1000kN 及以上的大型结构整体顶升、平移、转体等施工工艺；⑥采用新技术、新工艺、新材料、新设备可能影响工程施工安全，尚无国家、行业及地方技术标准的分部分项工程。

超危大工程范围

3. 深基坑监测预警管理系统

深基坑监测预警管理子功能模块主要利用传感设备监测建（构）筑物沉降及倾斜、道路及地表沉降、地下管线沉降及差异沉降、周围结构深层水平位移、钢支撑轴力、混凝土支撑轴力、建筑物混凝土应变等内容，工作原理如图 2-1-13 所示。

深基坑监测预警
管理系统

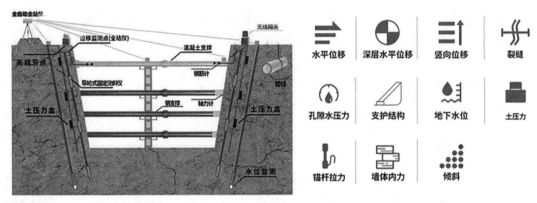

图 2-1-13 深基坑监测预警管理子功能模块工作原理

通过传感设备实时监测、数据上传和分析，如实测值超出预警值，平台实时报警，并将报警信息同步相关人员手机端，管理人员可通过平台直接查看报警原因。

4. 高支模监测预警管理系统

高支模监测预警管理子功能模块是通过改进监测仪器设备，增加模板沉降、立杆轴力、杆件倾角、支架整体水平位移四个参数，实时测量高支模支撑体系的支架变形、倾斜、立杆轴力以及模板沉降。

高支模监测预警
管理系统

通过传感设备实时监测、数据上传和分析。同理，超出预警值时平台立即发出超限或倾覆报警，并将报警信息同步相关人员手机端，为管理人员查明警报原因提供依据。

5. 临边监测预警管理系统

临边监测预警管理子功能模块是通过信号线或以防护栏为导体的方式来实现施工现场临边防护栏的实时监测，检测线路通断、防护栏断开等情况，如遇异常立即发出警报，并将报警信息同步相关人员手机端，管理人员前往查看具体情况，保证施工人员的安全。

临边监测预警管
理系统

【任务实施】

小组活动，通过查阅相关文献，小组研讨：（1）危大工程和超危大工程的范围？（2）智慧工地建设对危大工程施工管理的作用和意义？（3）结合当前智慧工地发展及建设情况，对施工现场危大工程监测监控提出哪些建议？

 【学习小结】

针对危大工程和超危大工程，利用现有技术手段对其实施实时监测监控，减少和避免此类安全事故发生，为实现安全高效的智能生产奠定基础。

任务 2.1.4   绿色施工现场监测监控

 【任务引入】

绿色施工是指在工程建设中，在保证质量和安全等基本前提下通过科学管理和技术进步，最大限度地节约资源与减少对环境负面影响的施工活动，实现"四节一环保"，即节能、节地、节水、节材和环境保护。《绿色施工导则》中构建的绿色施工总体框架由施工管理、环境保护、节材与材料资源利用、节水与水资源利用、节能与能源利用、节地与施工用地保护6个方面组成。

 【知识与技能】

1.绿色施工管理

（1）环境的监测与治理。施工过程中所产生的扬尘、噪声等污染严重影响着城市环境的治理，所以施工现场也是政府监管的重点对象。项目管理人员能够随时知道施工现场的环境（如PM10、PM2.5、噪声等）情况，当超过额定值则进行声光报警并进行图像或视频取证。管理人员可通过平台或APP

绿色施工管理

随时查询现场施工环境并分析。当超标后则进行现场喷淋联动，支持手动、定时及自动的喷淋控制，实现环境的治理。

（2）能耗的管控与统计。施工人员在现场可按需进行取水取电操作，通过"先买后用"的模式有效地防止用水用电的浪费。

构建智慧工地的过程中，用到了绿色施工的理念和技术。同时，智慧工地在实现工地数字化智慧化的过程中，许多方面做到了"四节一环保"，像工地的环境监测和保护与绿色施工的理念非常契合，两者相互促进。智慧工地绿色施工监测监控主要包括扬尘噪声监测、降尘喷淋控制、车辆出入监控、车辆喷淋系统、智能用电管理等。

2. 扬尘监测联动雾炮喷淋管理系统

扬尘监测联动雾炮喷淋管理子功能模块是通过计算机和不同的通信方式，实现声环境中扬尘及各气象要素的远程数据采集与分析处理，为施工及管理人员提供便捷、可靠的数据服务，包括日常操作、维护和决策等方面。

扬尘监测联动雾炮喷淋管理系统

基于监测数据对施工现场噪声和扬尘等情况进行实时分析和在线管理。当环境噪声和扬尘等监测数据超出限值时平台自动报警，并联动雾炮喷淋、塔式起重机喷淋、围挡喷淋进行联动除尘。当预警功能触发后，管理人员也可通过手机端远程启动围墙喷淋系统，实现对施工现场扬尘污染的防控和治理。

3. 车辆未冲洗抓拍管理系统

车辆未冲洗抓拍管理子功能模块是利用视频监控技术，在各施工场所出入口装备图像抓拍识别设备，管理合法车辆进出情况，记录进出车辆及装载等信息，同时将相关信息推送至地磅等其他子功能模块，并配合车辆黑名单预防黑车出入导致车辆安全事故，平台展示界面如图 2-1-14 所示。

车辆未冲洗抓拍管理系统

图 2-1-14　车辆未冲洗抓拍管理系统

4. AI 监控预警管理系统

AI 监控预警管理子功能模块是利用 AI 视频监控与智能分析技术，实时把握施工全场环境状况，如图 2-1-15 所示，如发现超标现象或违规行为，主动抓拍并报警，并将警报信息同步至相关人员手机端。

AI 监控预警管理系统

图 2-1-15　AI 监控预警管理子功能模块

5. 能耗监测预警管理系统

能耗检测预警
管理系统

能耗监测预警管理子功能模块自动采集水电等能耗数据，通过数据分析自动生成多种统计图表，对存在问题的线路管路进行及时预警，及时检修，防止故障扩大化，有效解决了传统抄表方式落后、数据精度低且不同步等问题。

基于能耗管理子功能模块水、电使用监测与统计如图 2-1-16 和图 2-1-17 所示。

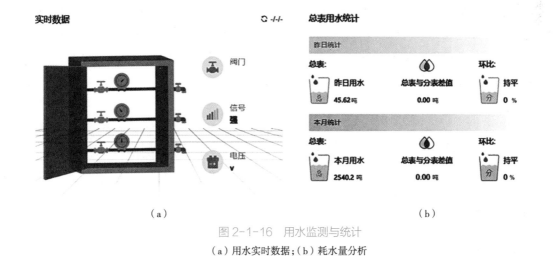

（a）　　　　　　　　　　　　　　　　　　　（b）

图 2-1-16　用水监测与统计

（a）用水实时数据；（b）耗水量分析

【任务实施】

小组活动，通过查阅相关文献，小组研讨：（1）绿色施工主要包括哪些方面？在智

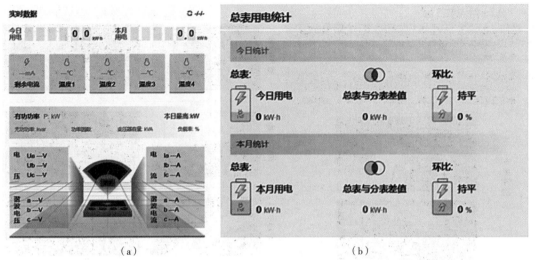

图 2-1-17 用电监测与统计
（a）用电实时数据；（b）耗电量分析

慧工地建设过程中如何落实？（2）绿色施工现场监测监控对施工环境的影响和意义有哪些？（3）针对当前工程项目绿色施工及监测监控情况，您有哪些建议？

 【学习小结】

扬尘和噪声是造成环境污染的重要因素，建立针对建筑工地、运渣车等环境监测系统能提升环保治理的管理效率和效果，对于我国大中城市有效地控制扬尘污染、提高空气质量具有非常现实和重大的意义。施工现场常常因为噪声过大等原因被迫停工，或者拖延工期，使用环境监测仪器可以避免这一情况。

任务 2.1.5　施工机械设备现场监测监控

 【任务引入】

机械设备的管理是项目管理的重要组成部分，严重影响着工程管理的质量、进度和安全等方面。通过在机械设备上安装监控设备，可实时监测设备的运行状态，当出现异常时则进行现场报警，便于指导司机规范作业。同时监测数据实时上传智慧工地管理平台，基于统计分析结果评估工程机械的使用效率、施工风险，为合理、合规、高效与智能地使用工程机械提供依据。

【知识与技能】

1. 机械设备管理

（1）设备档案管理。针对进场的工程机械设备建立设备台账，记录设备的设备名称、设备类型、设备厂商、产权单位、租赁单位、备案状态等信息，同时建立设备的责任制度并可以二维码形式张贴到设备显著位置，所有人都可扫码查看。

机械设备管理

（2）施工过程管控。通过在工程机械设备上安装设备监控系统，可实时监测设备的运行状态，当出现异常时则进行现场报警，便于指导司机进行规范作业。同时该监控系统可将监测数据实时传输到平台，平台对监测数据进行统计分析，形成设备的整体画像，管理人员可评估工程机械的使用效率、施工风险，为合理、合规地使用工程机械提供依据。

（3）维护保养管理。在设备使用期间需要进行定期的维护保养，所有的保养记录项目方可实时进行查询。

2. 塔式起重机监测预警管理系统

塔式起重机监测预警管理子功能模块是集互联网技术、传感器技术、嵌入式技术、数据采集储存技术、数据库技术等高科技应用技术为一体的综合性新型仪器，能实现多方实时监管、区域防碰撞、塔群防碰撞、防倾翻、防超载、实时报警、实时上传数据、实时视频、语音对讲、数据黑匣子、远程断电、精准吊装、塔机远程网上备案登记等功能。

塔式起重机监测
预警管理系统

塔式起重机（塔吊）设备信息、实时运行数据、历史数据、操作人员人脸识别等如图 2-1-18 和图 2-1-19 所示，让施工管理人员明确塔式起重机的实时运行状况，保证塔式起重机安全运行。

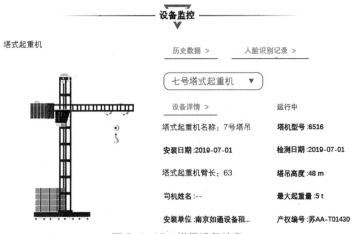

图 2-1-18 塔吊设备信息

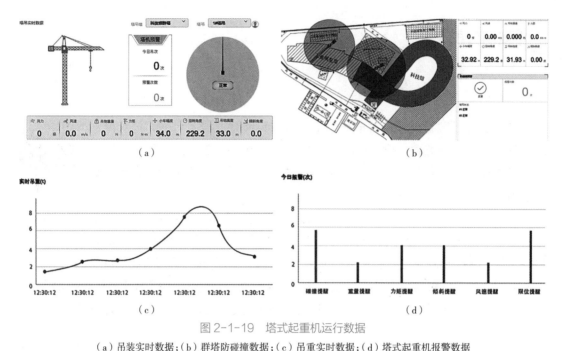

图 2-1-19　塔式起重机运行数据

（a）吊装实时数据；（b）群塔防碰撞数据；（c）吊重实时数据；（d）塔式起重机报警数据

3. 升降机监测预警管理系统

升降机监测预警管理子功能模块是一款全新施工电梯智能化／升降机／物料提升机（简称施工升降机）安全监测、记录、预警及智能控制系统，该新型系统能够全方位实时监测施工升降机的运行工况，且在有危险源时及时发出警报和输出控制信号，并可全程记录升降机的运行数据，同时将工况数据传输到远程监控中心。

升降机监测预警
管理系统

施工升降机预警管理系统主要有以下功能：人数统计、重量检测、司机识别、人机交互、检测控制、语音播报、楼层呼叫、图像抓拍、远程控制等。

4. 吊钩监测预警管理系统

吊钩监测预警管理子功能模块是将高清红外变焦摄像机安装在塔机大臂的小车下方，通过对塔机起升高度实时监测，自动计算高度变化实现摄像机自动变焦、变倍，通过对吊钩下方作业画面的智能追踪拍摄，并将实时画面同步给塔式起重机司机，有效解决了施工作业过程中远距离视觉模糊和人工语言引导易出差错等作业难题，杜绝盲吊、隔山吊等安全隐患。

吊钩监测预警
管理系统

5. 卸料平台监测预警管理系统

卸料平台是施工现场搭设的各种临时性的操作台和操作架，能进行各种砌筑、装修和粉刷等作业，其监测预警子功能模块具有实时显示主钢丝绳

卸料平台监测
预警管理系统

受力、是否超载以及远程报警等功能，有效解决了实际应用中监管难、超载现象严重且不知情等安全隐患。

 【任务实施】

通过查阅相关文献，小组研讨：（1）施工过程中，一般涉及的大型机械设备有哪些？（2）施工机械设备现场监测监控对施工安全管理的积极作用有哪些？（3）针对当前工程项目中使用的各种机械设备及其监测监控措施，您有哪些建议？

 【学习小结】

建设工程施工使用的特种设备主要有塔式起重机、施工升降机、物料提升机、高处作业用篮、附着式提升脚手架、门式脚手架、起重吊装设备等。特种设备都是涉及生命安全、危险性较大的设备，应特别注意加强特种施工设备在建筑施工作业中的安全管理和安全防范，防止和减少特种设备事故而导致群死群伤的重大安全事故。

任务 2.1.6　施工质量安全现场监测监控

 【任务引入】

工程建设项目施工的质量安全管理是一项系统工程，涉及面广而且复杂，其影响质量的因素很多，例如设计、材料、机械、地形、地质、水文、工艺、工序、技术、管理等，直接影响着建设项目的施工质量，容易产生质量安全问题。因此，建设项目施工的质量安全管理就显得十分重要。

 【知识与技能】

1. 安全隐患排查管理系统

安全隐患排查管理子功能模块是利用"AI管控"风险源自动报警和"人工管控"风险源精确排查，双管齐下，提升管理人员工作效率，解决监管难问题，风险源监测监控管理子功能模块如图 2-1-20 所示。

安全隐患排查管理系统

通过管理系统项目端录入安全员、项目负责人每日、每周、每月安全检查的台账，以及隐患的整改情况、复查情况，涵盖检查 – 整改 – 复查整

图 2-1-20　风险源监测监控管理子功能模块

个流程，形成闭环的管理，促使安全检查形成标准化的日常检查及规范行为，提升施工现场的安全。

图 2-1-21 为隐患风险源统计分析，为管理人员决策提供数据支持，重视易出现的隐患类型，有效规避风险，打造安全无风险绿色智慧工程。

2. 随手拍管理系统

随手拍管理子功能模块是基于全员为安全、质量等做贡献的理念，通过手机端随时随地拍照记录施工过程中安全、质量和其他方面的隐患点，如图 2-1-22 所示，并同步至智慧工地管理平台，减轻了安全员、项目管理人员的巡查工作量，让每一位员工有更强的归属感和参与感，协力共促安全工作环境、优质工程质量。

随手拍管理系统

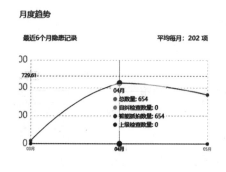

图 2-1-21　隐患风险源统计分析

图 2-1-22　随手拍管理子功能模块

3. 移动巡检管理系统

移动巡检管理子功能模块是利用 RFID 技术与无线局域网进行施工现场安全巡检，如图 2-1-23 所示，在施工现场布置巡检点，沿巡检路线覆盖无线网络，在每个巡检监测点安装一个 RFID 标签 / 二维码标签，记录巡检监测点的基本信息。

移动巡检管理
系统

安全员每到一处巡检点首先用手机端读取标签内容，发现隐患，现场语音、拍照采集，并把检测信息同步至智慧工地管理平台，如图 2-1-24 所示。

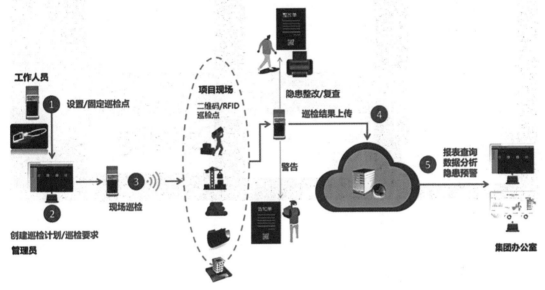

图 2-1-23　移动巡检管理子功能模块工作原理

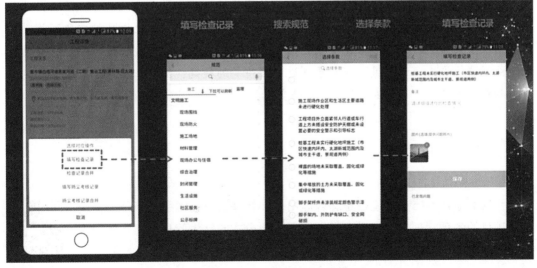

图 2-1-24　移动巡检记录过程

整改负责人通过手机端接收整改信息后，根据要求迅速组织整改，并将落实结果拍照上传存档，如图 2-1-25 所示。通过移动巡检管理系统助力安全员完成安全检查，提升施工现场巡检及管理水平，使巡检效率提高、巡检难度降低，有利于洞察整个巡检工作的实际情况。

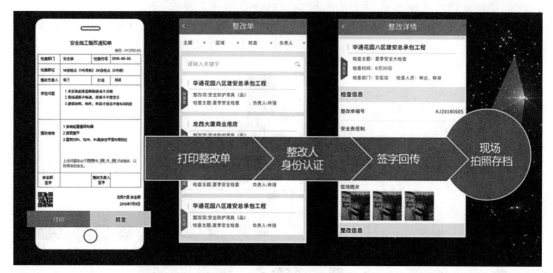

图 2-1-25　移动巡检整改过程

 【学习小结】

建设项目的现场施工管理是形成建设项目实体的过程，也是决定最终产品质量的关键。现场施工管理中的质量安全管理，是工程项目全过程质量安全管理的重要环节，工程质量在很大程度上取决于施工阶段的质量管理。切实抓好施工现场质量管理是实现施工企业创建优良工程的关键，有利于促进工程质量的提高，降低工程建设成本，杜绝工程质量事故的发生，保障施工管理目标的实现。

知识拓展

智慧工地从本质上来说就是综合运用多种新兴信息技术手段来帮助实现工程项目的各项管理目标，进而发挥智慧工地模式的巨大管理价值。针对不同的管理目标，智慧工地采用的各项管理内容及实现方式如下：

智慧工地管理
内容及实现方式

（1）智慧进度管理的内容及实现方式

智慧工地通过技术运用可以很大程度上提高施工生产和管理的效率，降低工程变更率和返工率，从而保证进度管理目标的履行。智慧进度管理主要通过以下方式实现：1）4D 进度计划：将进度信息与 BIM 模型相关联，利用 BIM 技术和 Project 等进度软件制定可视化的 4D 进度计划，实施施工进度模拟，对实际工程进度安排和现场资源配置进行动态调整优化；2）动态进度追踪：通过视频监控或无人机航拍等信息采集方式对现场施工进展进行实时跟踪，项目管理人员在移动终端上随时掌握工程进度情况，根据实际进度数据对进度偏差进行监控、分析和纠正，系统对进度延误情况进行自动预警。

（2）智慧成本管理的内容及实现方式

智慧工地通过技术运用可以有效降低施工成本，减少资源损耗和浪费，增加项目收益，从而保证成本管理目标的实现。智慧成本管理主要通过以下方式实现：1）成本预测：利用大数据技术对历史成本采购信息进行分析比较，制定合理的成本计划；2）5D成本控制：将成本造价信息与 BIM 模型相关联，利用 BIM 技术构建 5D 模型实现施工成本动态控制，随时监控现金流量，对超支情况进行自动预警；3）成本核算：根据 BIM 模型，利用相关软件自动计算项目工程量和工程造价，减少了人力的投入，提高了工作效率和算量结果的精准度。

（3）智慧质量管理的内容及实现方式

智慧工地通过技术运用可以显著提升工程项目的质量水平，改善建筑产品的性能，从而保证质量管理目标的实现。智慧质量管理主要通过以下方式实现：1）施工模拟：利用 BIM 技术进行可视化施工模拟，检验作业流程和建造产品是否能够满足工程质量相关要求，及时发现可能存在的质量问题，优化施工方案；2）质量检查：利用图像识别等物联网技术实时测量基坑变形等施工质量信息，利用无人机技术识别建筑物裂缝等更为精准的质量信息，通过移动终端获取质量检查情况，及时发现质量隐患点；3）质量问题分析：现场人员将工程质量问题拍照上传至云平台，平台汇总相关数据并对质量问题进行统计和趋势分析。

（4）智慧安全管理的内容及实现方式

智慧工地通过技术运用可以保障施工现场的安全，从而保证安全管理目标的实现。智慧安全管理主要通过以下方式实现：1）施工模拟：利用 BIM 技术进行施工模拟，完成管线综合和碰撞检测，协调各类专业管线排布，检查施工机械的移动路径碰撞情况等，预警现场施工的危险因素；2）安全监控：通过智能监控实时排查现场人员、设备等安全状况，利用传感设备对深基坑、高支模等危大工程实施全面监测，对危险源进行自动报警，现场巡检人员将存在安全隐患之处拍照上传至云平台，管理人员通过移动终端实时获取安全信息，安排整改；3）安全隐患分析：利用大数据技术对施工现场安全隐患进行统计分析，总结事故发生的原因和经验。

（5）智慧人员管理的内容及实现方式

智慧工地通过技术运用能够加强现场一线劳务人员与管理人员的信息交互，提高工作效率，同时对人员的专业技术能力也有了更高的要求。智慧人员管理主要通过以下方式实现：1）人员考勤：利用物联网技术对现场人员行为进行感知和识别，设置智能门禁设备完成实时动态考勤，对人员实名信息进行收集和分析反馈，汇总形成人员数据库；2）人员培训：利用互联网或VR技术对现场人员开展技能培训和安全教育，通过移动APP进行在线学习测试，高效完成人员培训和考核工作，从而提高工人的技术水平及安全意识；3）人员定位：在智能安全帽等装备中配置定位芯片进行人员定位，使管理者掌握现场人员实时分布情况；4）人员健康管理：在门禁设备上安装热成像测温装置，实时采集人员体温等健康数据，当健康状况异常的人员通过时自动报警；还可利用智能手环等穿戴设备对现场人员的心率、血氧等各类健康体征进行实时监测。

（6）智慧材料管理的内容及实现方式

智慧工地通过技术运用可以提高材料管理各个环节的计划性和精准性。智慧材料管理主要通过以下方式实现：1）材料采购：利用大数据技术对材料价格趋势和供应商信息进行分析预测，制定合理的材料采购计划，降低采购的成本和风险；2）材料追踪调度：采用RFID电子标签或二维码标签等方法对材料构件设置唯一标识，实时跟踪监控材料运输、库存和施工吊装情况，通过扫描操作记录相关信息，同时结合BIM技术合理安排材料进场时间，调度现场各类物料资源使用过程，提高生产效率，减少材料浪费；3）材料进出场：利用物联网技术有效辅助材料进场环节，管理人员手持移动终端扫描二维码，进行物料验收信息录入。通过智能地磅对进出施工现场的车辆装载物料称重，自动采集精确的材料信息；还可利用AI图像智能识别钢筋进场盘点根数，提高工作效率和准确度。

（7）智慧设备管理的内容及实现方式

智慧工地通过技术运用可以实现对施工现场机械设备的智能化管控。智慧设备管理主要通过以下方式实现：1）设备运行监控：利用物联网技术采集对塔式起重机、升降机、卸料平台等施工机械设备运行信息和工作状态并加以分析，发生违规操作或危险状态时进行实时监控预警，管理人员通过移动终端时刻掌握设备信息和工作参数，及时排除风险因素，比如当塔式起重机吊臂进入到交涉区域时系统会进行报警提示并自动停止作业，防止塔式起重机之间以及塔式起重机与建筑物之间发生碰撞危险；2）设备定位：通过卫星定位技术精准定位现场机械设备的位置，可以提高对移动设备的调配效率；3）身份识别管理：需要特种作业人员操作的机械设备，应加装相应的身份识别装置，实现对操作人员的身份管理。

（8）智慧工艺管理的内容及实现方式

智慧工地结合信息技术运用产生了许多新型施工工艺，改善了传统施工方式，极大程度上提高了生产效率。智慧工艺管理主要通过以下方式实现：1）可视化交底：利用BIM技术进行三维可视化技术交底，可以让现场工人更加清晰直观地理解施工工艺流程和技术难点；2）虚拟建造：利用计算机仿真和虚拟现实技术，根据附有全部施工信息的BIM模型对实际建造过程进行模拟，预知施工时可能发生的问题并提前采取防控风险的措施；3）装配式生产：不同于传统的现浇施工方式，装配式技术极大程度提高了工作效率。智慧工地的装配式生产可以通过构建 BIM 生产模型指导 PC 工厂加工预制构件，利用 RFID 技术跟踪构件运输到施工现场进行装配的过程；4）3D 打印建造：根据 BIM 三维建筑模型信息生成数控程序，利用 3D 打印技术将材料分层堆积叠加，完成建筑产品的自动建造过程，极大程度上提高了施工速度，且具有良好的环保效益；5）自动化施工：利用机器人等智能机械设备完成工程测量、砌砖、焊接等危险较大或人工效率较低的工作，用以提高施工工艺的自动化水平和精准控制能力。

（9）智慧环境管理的内容及实现方式

智慧工地通过技术运用可以监控主要污染物排放强度，提高资源节约率，创造绿色文明的施工环境，更好地实现保护环境和节约能源的目标。智慧环境管理主要通过以下方式实现：1）环境指标监测：在工地布设符合相应要求的监测点，利用传感装置等物联网设施对施工现场产生的扬尘、噪声等进行监测，当环境指标超过一定标准时，利用人工智能技术实现自动干预，例如扬尘超标时，系统将自动进行降尘作业，实现绿色施工；2）能耗分析：在工地布设智能电表等能耗监控设备，利用物联网和 BIM 技术对施工现场用水用电情况等进行信息采集和统计分析，帮助管理人员优化工地能耗管理。

（10）智慧信息管理的内容及实现方式

智慧工地通过技术运用可以实现项目多参与方的信息共享和高效协同。智慧信息管理主要通过以下方式实现：1）信息获取：利用物联网技术设施自动采集记录施工现场的各类数据信息，实现信息的高效获取；2）信息集成：通过统一的数据接口上传在施工现场采集到的全部信息，利用集成管理系统对各类信息进行整合和管理，实现信息的有效集成；3）信息传递：利用 BIM 软件完成对信息的加工和处理，使用 BIM 模型作为各类信息的载体伴随工程进展不断丰富，为各参建方人员沟通协作提供了便捷的平台，实现信息的有效传递；4）信息共享：通过移动端访问云平台，项目相关人员可以随时随地获取各类现场信息，实现智慧工地信息的有效共享；利用大数据技术对信息进行挖掘和深度分析，形成工程项目知识库，为知识共享和智慧决策提供基础。

习题与思考

一、填空题

1. 智慧工地建设是紧扣_____、_____、_____、_____、_____等关键要素，综合运用信息技术，与施工生产过程相融合，提供过程趋势预测及专家预案，实现工地施工的数字化、精细化、智慧化生产和管理，实现智能建造。

习题参考答案

2. 智慧工地建设过程中主要支撑技术有_____、_____、_____、_____、_____等。

3. 智慧工地建设内容主要有_____、_____、_____、_____、_____等。

4.人员实名制管理系统主要实现的功能有_____、_____、_____、_____、_____等。

5.危大工程现场监测监控主要针对_____、_____、_____等方面进行。

二、简答题

1.智慧工地的概念是什么？

2.智慧工地有哪些特征？

3.智慧工地建设主要包含哪些功能模块？

4.智慧工地建设主要运用了哪些新技术？

5.智慧工地建设对施工管理的现实意义有哪些？

6.智慧工地经历了哪些发展历程？

三、讨论题

1.上网搜索"智慧工地"，同学们分组讨论我国智慧工地发展背景和趋势。

2.结合上网搜索、文献查询与实地调研等，作为相关专业学生在自己的职业规划和学习中，应怎样用知识和技能武装自己？怎样在行业专业中发挥自己的优势和作用？

项目 2.2 智慧工地质安管理

教学目标

一、知识目标

1. 认识和了解施工质量与安全管理；

2. 认识和了解基于智慧工地的施工质量与安全管理；

3. 认识和了解基于 BIM 的施工质量和安全管理。

二、能力目标

1. 能够制定施工质量与安全现场监测监控实施方案；

2. 能够结合智慧工地现场监测监控数据综合解决施工质量与安全问题；

3. 能够结合 BIM 技术综合解决施工质量与安全问题。

三、素养目标

1. 具有新一代智能建造质安管理的基本素养；

2. 深刻理解党的二十大报告提出的数字经济助力实体经济发展的重大意义；

3. 培养作为新一代智能建造人才的自豪感和使命感。

学习任务

了解基于智慧工地和 BIM 的施工质量和安全管理方法、技术与应用。

建议学时

4 学时

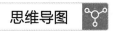
智能施工管理技术与应用

思维导图

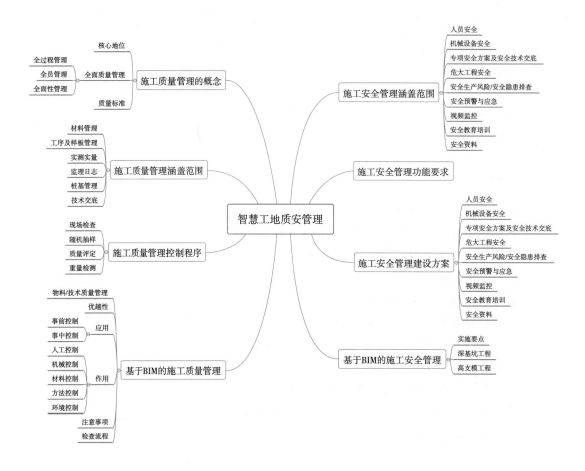

任务 2.2.1　施工质量管理

【任务引入】

　　传统的质量管理主要依靠制度的建设、管理人员对施工图纸的熟悉及依靠经验判断施工手段合理性来实现，这对于质量管控要点的传递、现场实体检查等方面都具有一定的局限性。采用 BIM 技术可以在技术交底、现场实体检查、现场资料填写、样板引路方面进行应用，帮助提高质量管理方面的效率和有效性。

【知识与技能】

1. 施工质量管理的概念

（1）施工质量管理是施工管理工作的核心

施工质量管理为建造符合使用要求和质量标准的工程所进行的全面质量管理活动。建筑工程质量关系建筑物的寿命和使用功能，对近期和长远的经济效益都有重大影响，所以工程质量管理是企业管理工作的核心。

施工质量管理的
概念

（2）全面质量管理

1）全面质量管理（TQC）

它是 20 世纪 60 年代美、日等国在统计质量管理（也称统计质量控制）的基础上发展起来的。20 世纪 70 年代末，中国建筑业开始推行，它以管理质量为核心，要求企业全体人员对生产全过程中影响产品质量的诸因素进行全面管理。

2）PDCA 循环

将事后检查改变为事前预防，通过计划（Plan）—实施（Do）—检查（Check）—处理（Action）的不断循环，即 PDCA 循环，不断克服生产和工作中的各个薄弱环节，从而保证工程质量的不断提高。

3）全面质量管理的要点

全面的即广义的质量概念，除建筑产品本身的质量以外，还应综合考察工程量、工期、成本等，四者结合，构成建筑工程质量的全面概念。

全过程管理：即从研究、设计、试制、鉴定、生产设备、外购材料以至产品销售等环节都进行质量管理。

全员管理：即企业全体人员在各自的岗位上参与质量管理，以自己的工作质量保证产品质量。

全面性管理：即包括计划、组织、技术、财务、统计各项管理工作直至使用阶段的维修、保养，形成一个完整有效的质量管理体系。

（3）质量标准

它是衡量工程质量水平的尺度，也是控制工程质量的依据。中国对房屋建筑和构筑物的勘察设计、物资供应、施工安装和使用维修等环节，分别制定有国家标准、行业标准和企业标准，包括技术规范、规程和规定。建筑工程质量管理的任务，是组织有关人员认真执行技术标准、工作标准，保证建筑工程的质量不断提高。在各级管理机构和企业、事业单位组织质量监督网，设置质量检验测试中心，建立质量责任制。传统的质量管理工作，侧重于事后检查，即根据质量标准和使用要求，在工程设计完成后审核图纸，在竣工后检验施工质量；不符合标准的设计不得施工，不符合竣工标准的工程不得交工。为加强质量管理，要求企业自身的质量检查工作和政府监督结合起来。

2. 施工质量管理涵盖范围

如图 2-2-1 所示，施工质量管理涵盖了多个方面的内容，它们相互配合、相互补充，共同构成了质量管理的完整体系。施工质量管理涵盖每个方面都需要制定相应的质量管理计划、标准和程序，并进行全面控制和管理。只有通过全面的质量管理，才能使建筑工程的质量符合规定的标准和要求，并能够及时发现和解决问题。

施工质量管理
涵盖范围

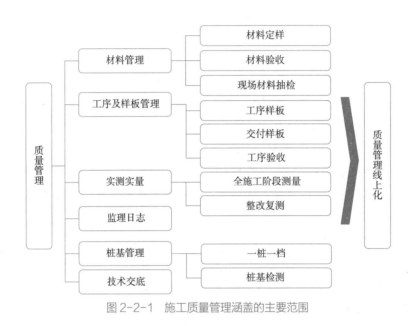

图 2-2-1　施工质量管理涵盖的主要范围

1）材料管理：旨在确保所使用的材料符合质量标准和规范，并能够满足工程的要求，且材料管理水平的高低将直接影响施工企业的成本、利润。

在工程开工前，材料管理部门需要根据工程设计图纸和施工方案，确定所需材料的种类、规格、数量和质量要求，并编制材料定样单。在材料进场时，需要进行材料验收，包括外观检查、物理性能测试、化学性能测试、力学性能测试等，以确保材料符合设计要求和施工规范。在施工过程中，需要对现场材料进行抽检，以确保材料的质量和性能符合设计要求和施工规范。抽检的内容包括材料的外观、物理性能、化学性能、力学性能等。对于进场的材料，需要进行保管，包括存放、标识、防潮、防火等，以确保材料的质量和性能不受影响。

2）工序及样板管理：旨在确保每个工序和样板的质量符合规定。工序样板是指建筑工程中的每个工序的标准构件或结构，如钢筋绑扎、混凝土浇筑、砌筑等。交付样板是指建筑工程中的最终构件或结构，如楼板、墙、梁等。工序样板及交付样板的制作需要根据设计图纸和施工方案，确定交付样板的尺寸、形状、材料、连接方式等参数，并编制交付样板制作方案。在工序完成后，需要对工序样板和交付样板进行验收，包括检查、调整、验收等环节，以确保工序样板和交付样板的质量符合规定的标准和要求。

3）实测实量：包括全施工阶段测量、整改复测等环节。在整个建筑工程施工过程中，对每个工序和每个环节进行测量和检查，以确保施工质量符合设计要求和标准。在施工过程中及以后，需对已经完成的工序和环节进行复测，以发现和纠正问题，并及时进行整改。实测实量也是建筑工程质量验收的重要依据，可以为建筑工程的验收和交付提供可靠的数据和证明。

4）监理日志：监理日志是监理工程师实施监理活动的原始记录，也是工程监理档案最基本的组成部分。监理日志的填写对于监理公司、监理工程师的工作效果、管理效果的外在表现非常重要，也是监理项目部和监理企业用于检查、评价监理工程师日常工作的重要依据之一。监理日志是记录项目管理过程中施工质量、安全、费用、工期等各方面最原始最可靠的资料，因此，监理部门需要妥善保管监理日志，特别是在发生有工程延期、索赔、结算的纠纷或法律诉讼的时候将成为最主要的举证资料。

5）桩基管理：桩基管理中的一桩一档和桩基检测是两个非常重要的环节。在桩基施工过程中，对每根桩进行详细的记录和管理，包括桩的类型、数量、直径、长度、施工时间、施工人员等信息。这种记录和管理可以方便地对每根桩的施工过程和质量进行监督和检查，并对施工过程中的问题进行处理和解决。在桩基施工完成后，对桩基进行检测，以确定桩基的质量和安全性。桩基检测可以通过多种方法进行，包括静载试验、动力测试、声波测试、磁粉检测等。通过对桩基进行检测，可以发现桩基存在的问题，及时进行修复和加固。

6）技术交底：包括对施工人员进行技术交底和培训，旨在确保施工人员了解和掌握施工过程和质量控制要求，并能够有效地控制施工质量。

3. 施工质量管理控制程序

施工质量控制主要是指在施工过程中采取相应的措施，控制施工质量，确保施工质量按照设计要求完成，以满足施工质量要求。为了进行有效的施工质量控制，可以采取多种措施，包括对施工质量的现场检查、施工质量的随机抽样、质量评定和质量检测等，如图 2-2-2 所示。施工质量控制还应定期检查和调整施工质量计划，保证施工计划能够及时适应施工环境的变化。

施工质量管理
控制程序

4. 基于 BIM 的施工质量管理

工程质量问题受到人们的关注，影响着项目使用者的人身财产安全。在整个施工过程中，对施工质量产生影响的因素很多，下面从人员、材料、设计、管理等方面进行介绍。

（1）人员不仅是工程施工操作者以及生产经营活动的主体，同时也是工

基于 BIM 的
施工质量管理

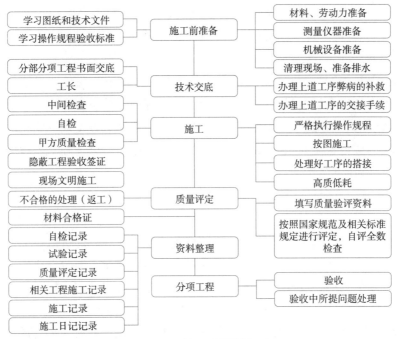

图 2-2-2　施工质量控制程序

程项目的管理者和决策者。任何一个人只要参加了工程建设工作，那么其一切行为都必将对工程的质量产生直接或者间接的影响。目前，有些施工队伍整体的综合素质不高，工程的施工质量就不能得到有效保障，可能导致最终的建设效果也会与预期规划设计的效果产生较大的差距。

（2）工程施工质量管理中存在施工材料问题。施工材料是保证施工质量的基础，只有质量合格的材料才能够建造出满足质量标准规范的工程。碎石、钢筋、水泥、块石等所有进入施工场地的建筑材料都必须进行抽样检查，对其是否符合施工设计要求进行鉴定，只有符合设计要求的材料才能在工程施工建造中使用。随着建筑业的快速发展，建筑材料的价格也在以较快的增长速度节节攀升，一些施工单位为了获得较高的利润，就在施工过程中采取降低工程施工成本的方法，选择价格较低的劣质材料，这些材料若不满足建筑质量规范、标准，就给工程施工质量带来了不利影响。再加上一些施工单位为了减少施工步骤，钢筋、水泥、碎石等建筑材料没有经过抽样检查就进入施工场地，如果这些材料与施工设计的要求不符，那么就会对工程的质量造成极大的影响。

（3）工程施工质量管理中存在规划设计能力低的问题。工程的建设论证和设计规划是工程整体规划管理中的两个重要组成部分，其中还存在着一些与工程质量管理有关的影响因素，这主要涉及工程的规划能力。规划设计中存在的施工质量问题主要可以从两方面来进行分析：①在工程进行建设论证之前对工程功能开发过程中加入了较强的主观意识，具有很大的盲目性和随意性，缺乏较为全面的规划，并且在专业论证管理方面也不能够同时兼顾工程建设的经济效益和社会效益，使工程的价值大打折扣；②工程在进行方案的设计时，没有对工程的具体细节部分进行全面的论证和设计，这就使设计的技术含量不高，使工程规划设计和实际的施工不能有效地衔接起来，工程的功能效果也就得不到体现。

（4）施工质量管理意识较为落后。很多建筑施工企业现场施工的管理人员对施工质量控制并没有给予高度重视，而更多注重的是施工进度控制，希望可以用较短的时间完成当前工程项目建设，从而尽快投入到下一个建筑工程项目建设中去，使建筑施工质量控制的重要性被弱化。施工管理人员没有随着建筑领域发展对自身的管理理念进行转变，没有注重施工质量管理体制的创新。新型施工材料和施工技术应用可以提升工程项目建设施工速率，保证工程项目建设施工质量，但是很多施工管理人员认为新型施工材料和施工技术应用会加强工程项目建设的成本投入，会降低建筑企业工程项目建设获得的经济效益，对新型施工技术和施工材料应用存在一定抵触心理。因施工技术没有创新突破，施工企业施工水平得不到提升，对建筑施工质量控制造成了不良影响。

随着科学技术的进步，BIM技术在工程质量管理中的应用可以对现存的某些问题进行针对性解决，达到提高工程质量管理效率的目的。运用BIM技术，通过施工流程模拟、信息量统计给项目管理提供重要的技术支持，使"每个阶段要做什么、工程量是多少、下一步做什么、每一阶段的工作顺序是什么"都变得显而易见，使管理内容变得"可视化"，增强管理者对工程内容和质量掌控的能力。基于BIM技术的质量管理既体现在对建筑产品本身的物料质量管理，又包括了对工作流程中技术质量的管理。

（1）物料质量管理

就建筑产品物料质量而言，BIM模型储存了大量的建筑构件、设备信息。通过软件平台，从物料采购部、管理层到施工人员个体可快速查找所需的材料及构配件信息，规格、材质、尺寸要求等一目了然，并可根据BIM设计模型，跟踪现场使用产品是否符合设计要求，通过先进测量技术及工具的帮助，可对现场施工作业产品进行追踪、记录、分析，掌握现场施工的不确定因素，避免不良后果的出现，监控施工质量。

（2）技术质量管理

施工技术的质量是保证整个建筑产品合格的基础，工艺流程的标准化是企业施工能力的表现，尤其当面对新工艺、新材料、新技术时，正确的施工顺序和工法、合理的施工用料将对施工质量起决定性的影响。BIM的标准化模型为技术标准的建立提供了平台。通过BIM的软件平台动态模拟施工技术流程，由各专业工程师合作建立标准化工艺流程，通过讨论及精确计算确立，保证专项施工技术在实施过程中细节上的可靠性。再由施工人员按照仿真施工流程施工，确保施工技术信息的传递不会出现偏差，避免实际做法和计划做法不一样的情况出现，减少不可预见情况的发生。同时，我们可以通过BIM模型与其他先进技术和工具相结合的方式，如激光测绘技术、RFID射频识别技术、智能手机传输、数码摄像探头等，对现场施工作业进行追踪、记录、分析，能够第一时间掌握现场的施工动态，及时发现潜在的不确定性因素，避免不良后果的出现，监控施工质量。

（3）BIM 技术在工程项目质量管理中应用的优越性

在项目质量管理中，BIM 技术通过数字建模可以模拟实际的施工过程并存储庞大的信息。对于那些对施工工艺有严格要求的施工流程，应用 BIM 技术除了可以使标准操作流程"可视化"外，也能够做到对用到的物料以及构件需求的产品质量等信息进行随时查询，以此作为对项目质量问题进行校核的依据。对于不符合规范要求的，则可依据 BIM 模型中的信息提出整改意见。同时我们应认识到，传统的工程项目质量管理方法经历了多年的积累和沉淀，有其实际的合理性和可操作性。但是，由于信息技术应用的落后，这些管理方法的实际作用得不到充分发挥，往往只是理论上可能，实际应用时会困难重重。BIM 技术的引入可以充分发挥这些技术的潜在能量，使其更充分、更有效地为工程项目质量管理工作服务。

（4）BIM 在质量控制系统过程中的应用

质量控制的系统过程包括事前控制、事中控制、事后控制，而对于 BIM 的应用，主要体现在事前控制和事中控制中。应用 BIM 的虚拟施工技术，可以模拟工程项目的施工过程，对工程项目的建造过程在计算机环境中进行预演，包括施工现场的环境、总平面布置、施工工艺、进度计划、材料周转等情况都可以在模拟环境中得到体现，从而找出施工过程中可能存在的质量风险因素，或者某项工作的质量控制重点。对可能出现的问题进行分析，从技术上、组织上、管理上等方面提出整改意见，反馈到模型当中进行虚拟过程的修改，从而再次进行预演。反复几次，工程项目管理过程中的质量问题就能得到有效规避。用这样的方式进行工程项目质量的事前控制比传统的事前控制方法有明显的优势，项目管理者可以依靠 BIM 平台做出更充分、更准确地预测，从而提高事前控制的效率。BIM 在事前控制中的作用同样也体现在事中控制中。另外，对于事后控制，BIM 能做的是对于已经实际发生的质量问题，在 BIM 模型中标注出发生质量问题的部位或者工序，从而分析原因，采取补救措施，并且收集每次发生质量问题的相关资料，积累对相似问题的预判经验和处理经验，为以后做到更好的事前控制提供基础和依据。BIM 技术的引入更能发挥工程质量系统控制的作用，使得这种工程质量的管理办法能够更尽责、更有效地为工程项目的质量管理服务。

（5）BIM 在影响工程项目质量的五大因素控制中的作用

影响工程项目质量的五大因素为人工、机械、材料、方法、环境。对五大因素进行有效控制，就能很大程度上保证工程项目建设的质量。BIM 技术的引入在这些因素的控制方面有着其特有的作用和优势。

1）人工控制。这里的人工主要指项目管理人员、技术人员和一线施工人员的控制。人在施工过程中起决定的作用，人员的思想、质量意识和质量活动能力对施工的质量起到决定性的影响。将 BIM 技术引入施工的管理过程中，引入了富含建筑信息的三维实体模型，对施工现场的模拟，使管理者对工程项目的施工现场和施工质量有一个整体的把握，让管理者对所要管理的项目有一个提前的认识和判断，根据自己以往的管理经验，对质量管理中可能出现的问题进行罗列，判断今后工作的难点和重点，提前组织应对措施，减少不确定因素对工程项目质量管理产生的影响，提高管理者的工作效率。

2）机械控制。引入 BIM 技术对施工现场进行可视化布置，并优化施工现场排布。我们可以模拟施工机械的现场布置，对不同的施工机械组合方案及运行情况进行模拟和调试，得到最优施工机械布置方案，节约施工现场的施工空间，保证施工机械的高效运行，减少或杜绝施工机械之间的相互影响等情况出现。例如，塔式起重机的个数和位置；现场混凝土搅拌装置的位置、规格；施工车辆的运行路线等。用节约、高效的原则对施工机械的布置方案进行调整，寻找适合项目特征、工艺设计以及现场环境的施工机械布置方案。

3）材料控制。工程项目所使用的材料是工程产品的直接原料，所以工程材料的质量对工程项目的最终质量有着直接的影响，材料管理也对工程项目的质量管理有着直接的影响，材料的好坏往往决定了施工产品的好与坏。利用 BIM 技术的 SD 应用综合分析项目的计划进度与实际进度，选择合适的物料，并确定施工中各个阶段所需的材料类型和数量；可以根据工程项目的进度计划，并结合项目的实体模型生成一个实时的材料供应计划，确定某一时间段所需要的材料类型和数量，使工程项目的材料供应合理、有效、可行。实时记录与统计材料的使用情况，并确保材料的供给，实现资源的动态管理。历史项目的材料使用情况对当前项目使用材料的选择有着重要的借鉴作用。应用 BIM 技术建立强大的数据库、材料库和生产厂家信息库，在采购之前，整理收集历史项目的材料使用资料，评价各家供应商产品的优劣，可以为当前项目的材料使用和购买提供指导和对比作用。选定厂家后，应用基于 BIM 的条形码扫描技术，得到建筑主材的规格、厂家、颜色等信息，简单方便地对材料进行进场控制，进场后，也可以随时对材料进行抽查和对比。施工过程中，对材料进行记录和归类，并在列表中归类整理，为后续工程质量的检查提供依据，并可应用于日后相似项目。

4）方法控制。应用 BIM 技术的可视化虚拟施工技术，对施工过程中的各种方法进行施工模拟。在模拟的环境下，对不同的施工方法进行预演示，结合各种方法的优缺点以及本项目的施工条件，选择符合本项目施工特点的工艺方法；也可以对已选择的施工方法进行模拟项目环境下的验证，使各个工作的施工方法与项目的实际情况相匹配，从而做到保证工程质量。

5）环境控制。BIM 技术可以将工程项目的模型放入模拟现实的环境中，应用一定的地理、气象知识进行虚拟现实分析，分析当前环境可能对工程项目产生的影响，提前进行预防、排除和解决，保障施工质量。在丰富的三维模型中，这些影响因素能够立体直观地体现出来，有利于项目管理者发现问题并解决问题。

（6）基于 BIM 的质量管理在实施过程中的注意事项

1）模型与动画辅助技术交底

对比较复杂的工程构件或难以用二维表达的施工部位建立 BIM 模型，将模型图片加入技术交底书面资料中，便于分包方及施工班组理解；同时利用技术交底协调会，将重要工序、质量检查重要部位在电脑上进行模型交底和动画模拟，直观地讨论和确定质量保证的相关措施，实现交底内容的无缝传递。

2）现场模型对比与资料填写

通过 BIM 软件，将 BIM 模型导入移动终端设备，让现场管理人员利用模型进行现场工作的布置和实体的对比，直观快速地发现现场质量问题，并将发现的问题拍摄后直接在移动设备上记录整改，将照片与问题汇总后生成整改通知单下发，保证问题处理的及时性，从而加强对施工过程的质量控制。

3）动态样板引路

将 BIM 融入样板引路中，打破在现场占用大片空间进行工序展示的单一传统做法，在现场布置若干个触摸式显示屏，将施工重要样板做法、质量管控要点、施工模拟动画、现场平面布置等进行动态展示，为现场质量管控提供服务。

（7）BIM 在质量管控中的检查流程

材料设备管控利用 BIM 技术和信息化手段，生成设计材料设备清单、材料设备采购清单、材料设备进场验收清单，通过比对以上"三单"信息，检验材料设备的符合性，如存在差异，各方利用 BIM 管理平台进行沟通、修正、确认。下面以材料设备和现场检查验收质量管控为例，简单介绍 BIM 技术在质量管控中的检查流程：

1）材料设备管控

①材料设备"三单"对比。设计材料设备清单是材料设备管控的基础，体现设计对项目选用的材料设备的要求。利用信息化工具，提取 BIM 模型中每个构件材料设备属性（参数），形成设计材料设备清单（包含了对材料设备的设计要求），清单与模型中构件建立对应关系，这是进场验收和现场使用的依据，便于追溯。

材料设备采购清单是对设计材料设备清单的补充，体现材料设备各项参数指标由图纸需求向产品采购转化的过程，明确品牌、数量等信息，也是材料设备进场验收的依据。

材料设备进场验收清单是成果，体现进场材料设备的实际状态，材料设备由采购环节进入应用环节，其实际性能决定了是否可以在工程中使用。

②材料进场验收。依据材料设备清单、电子封样库、施工封样，项目公司与监理单位、总包单位共同验收进场材料设备，见证取样复试，并进行过程拍照、记录、填报。

将验收单与设计材料设备清单和材料设备采购清单进行对比，"三单"对比一致则验收合格，签署进场验收单，进入下一步工作；比对不一致时，则判定材料设备不合格，监理监督退场，拍照记录，按合同、制度对相关单位和责任人进行处理。

③见证取样复试。监理单位按照国家规范及地方要求，对进场检查验收合格且需要

复试的材料按批次、数量进行见证取样，过程拍照，存档备查。

④材料使用审批。送检样品见证取样复试合格后，监理签署同意使用意见。如为消防安全材料，监理单位、项目公司必须审批总包单位材料使用申请单，通过后方可使用。送检样品见证取样复试不合格，监理单位下发监理通知，要求总包单位对不合格的材料设备进行退场，监理单位监督，拍照记录，并按合同对相关责任单位进行处罚。

2）质量检查验收

应用 BIM 技术，将质量检查验收标准植入 BIM 模型，各方在对工程实体进行检查验收时，可以实时查阅质量标准，实现标准统一；在 BIM 模型上预设检查部位，BIM 管理平台自动提醒各方在进行过程检查及开业检查验收时，对预设检查部位进行检查，避免检查部位和检查内容漏项。

①预设检查部位。BIM 模型对过程检查和开业验收按分部工程预设检查部位，生成检查任务。

②现场检查验收。各方在检查验收时除依据国家标准和规范外，还必须执行 BIM 模型中的质量标准，且按模型中的预设部位和检查比例进行检查验收。

③填报检查结果。检查人在 BIM 工作平台质监子系统中，选择相应的分部分项工程预设检查部位，填报需整改项质量隐患信息及照片，提出整改要求。

以上介绍了材料设备和现场检查验收质量管控要点，材料设备管控和质量检查验收的信息化功能均通过项目信息化集成管理平台实现。在平台上可以填报材料设备验收信息、查询质量标准、预设检查部位、填报隐患、追踪整改情况，质量管理制度中的管控要求可以在平台上完整体现。

【任务实施】

小组活动，通过查阅相关文献，小组研讨：（1）建设项目施工质量主要受哪些因素影响？（2）利用智慧工地如何更有效地进行或指导进行施工质量管理？（3）针对当前基于智慧工地和 BIM 的施工质量管理手段和措施，您有哪些建议？

【学习小结】

建设项目施工中尤为重要的是施工质量，现场管理要从施工质量入手，现场管控人员要严格把控好质量管理目标。首先是确保通过智能化技术管理生产质量，这样就能使数据更加精准，使质量管理更加智能化、精准化。智能技术适用于工程施工的全过程，在质量管理中，智能技术可以掌控各种工序的生产工艺，并指导施工人员做好工程施工的前期准备，这些都会直接影响工程质量。所以，科学有效的质量管理能够解决工程施工中的大部分问题。

任务 2.2.2　施工安全管理

 【任务引入】

近些年来，工程建设过程中施工事故频频发生，安全隐患突出，给国家和人民生命财产造成了重大损失。2023 年 5 月 10 日 15 时 10 分左右，某建设项目发生一起高处坠落生产安全事故，致 1 人死亡。2023 年 5 月 5 日 12 时左右，某生活区 1 号、2 号、4 号住宅楼和地下车库工程工地，发生一起施工机具伤害生产安全事故，致 1 人死亡。这些事故发生背后都是安全管理的失职，因此，必须采取有效措施，加大施工安全管理力度，确保施工安全。

 【知识与技能】

1. 施工安全管理涵盖范围

智能施工安全管理为项目安全管理提供信息化的应用支持，包含人员安全管理（特种作业人员、安全从业人员和其他从业人员）、机械设备安全管理、专项安全方案及安全技术交底管理、危险性较大工程的安全管理、安全生产风险管理和安全隐患排查管理、安全预警及安全应急管理、视频监控管理、安全教育培训管理、安全资料管理等功能模块。

施工安全管理涵盖范围

2. 施工安全管理功能要求

建筑施工工地现场应通过信息化系统实现安全管理功能，并符合以下要求：

（1）具备工地现场安全信息数据的采集、记录、查询功能，并建立安全信息数据库；

施工安全管理功能要求

（2）具备工地现场通过智能移动终端即时采集录入安全隐患排查的信息数据功能和处理流程闭合管理的功能；

（3）具备风险等级管控的信息化功能；

（4）具备安全智能检测功能；

（5）实现危险性较大分部分项工程及关键节点管理的信息化；

（6）具备上传危险性较大的分部分项工程施工方案、应急事故处置预案的功能；

（7）具备危险性较大的分部分项工程管理信息化上报功能；

（8）具备异常事件本地声光报警提示功能；

（9）实现对现场的安全管理、安全巡查信息化记录及上报功能；

（10）实现从业人员安全教育在线学习功能，并与行业监管部门在线学习系统对接，做到安全教育学习计划、执行情况、考核结果的全过程信息化管理。

3. 施工安全管理建设方案

（1）人员管理

人员管理模块要求对所有进出场人员进行实名制信息统计，能对人员的不安全行为进行识别与预警。

施工安全管理建设方案

对特种作业人员，主要包括起重机械（含电梯）司机、司索信号工、架子工等，应对其基本信息进行管理、维护，并具备查询功能；具备对特种作业人员证书有效期、证明文件、培训情况、分析预警管理功能。

对安全从业人员，主要对三类安全人员安全证书信息、人员信息进行管理，并共享至项目、企业、行业平台。

（2）机械设备安全管理

通过对机械设备建立一机一档，包含机械设备产权、安拆单位、操作人员、注销备案等信息，并通过各类传感器实时掌握设备运行状态，实现设备异常预警，故障实时智能诊断。

（3）专项安全方案及安全技术交底管理

应具备专项方案管理、维护和查询功能。专项方案及技术交底信息数据应包括下列内容：方案编制人、编制时间；审核人、审核时间、审核意见；方案审批人、审批时间、审批意见；专项方案及技术交底时间；交底人、被交底人、交底时间。

（4）危险性较大工程的安全管理

具有重点安全管制区域实时在线检测功能；具有危大工程施工进度监测功能；具有对监测和记录数据信息统计、查询、分析功能，具有及时发现隐患问题、即时预警功能；具有现场流程化、协同化安全管理功能，实现对施工现场的安全管理、检查（随机抽查）记录、整改通知及回复等的全过程电子记录；具有危大工程隐患问题实时上报功能；具有视频联动功能和短信推送功能，监控摄像头具有联动录像、抓拍，并发送报警功能。

（5）安全生产风险管理和安全隐患排查管理

具有工程风险源数据采集记录、查询、分析功能，建立静态风险源数据库；具有动态风险源电子记录和自动上报功能；具有智能移动终端即时采集和录入风险源数据的功能。能实现施工现场安全生产风险的信息化管理和控制，提供安全生产风险识别、安全生产风险评级、安全生产风险核算以及相应的施工方案、防护措施、检查管理功能，可对安全生产风险进行识别自检，系统记录识别过程并统一备案。

安全隐患排查管理应具有安全周检、月检、专项检查、季节性检查、主管部门检查信息录入、整改、复查验收闭环管理功能；具有隐患照片、视频录制功能，自动存储归档功能，下载存档功能；具有隐患排查记录自动整理形成检查台账功能，并结合大数据给项目推送提醒或建议；具有远程实时查看整改完成情况、督促整改、移动设备离线模式处理数据的功能。

（6）安全预警及安全应急管理

安全预警管理应具有环境、事故信息预警展示功能；应急预警预案管理功能；集中管理各类预警处置干系人的功能；一键推送所有干系人的功能；集中管理应急物资的数量、空间分布、使用记录的功能；记录各类应急处置过程信息的功能；应急处置事件中的行为可追溯查询功能；汇总和推送施工现场每个月预警总次数的功能。

安全应急模块应具有应急预案管理、应急人员管理、应急物资管理、应急事件处置信息管理、应急预警信息推送等功能。

（7）视频监控管理

视频监控宜在项目开工之前布设完成，在制高点配备全景球机，便于管理人员观察工地全景，满足重点区域全覆盖原则。每个施工现场宜设置视频监控室，视频监控可自动切换视频图像，具备异常事件的报警、回放、录像等功能。具备移动终端监控功能，操作者在权限范围内查看。宜利用视频监控搭载实现 AI 智能识别和捕捉人的不安全行为和物的不安全状态，提供视频监控联动预警功能，进行拍照留存，相关记录可查询、编辑。

（8）安全教育培训管理

安全教育培训应有完善的管理制度，宜采用虚拟现实（VR）、增强现实（AR）、混合现实（MR）、二维码、多媒体、动漫、网络在线等多种技术手段。实现从业人员安全教育在线学习功能，并与行业监督部门在线学习系统对接，具备安全教育学习计划、执行情况、考核结果等全过程信息化管理功能。应定期将培训数据进行备份保存，教育记录存储时长不应低于工程项目施工周期。

（9）安全资料管理

安全资料模块应具有对各项安全资料进行电子化上传、资料在线共享、施工规范在线查询并支持收藏常用规范、安全日志在线编写等功能。

4. 基于 BIM 的施工安全管理

（1）基于 BIM 的安全管理实施要点

传统的安全管理、危险源的判断和防护设施的布置都需要依靠管理人员的经验来进行，特别是各分包方对于各自施工区域的危险源辨识比较模糊。而 BIM 技术在安全管理方面可以发挥其独特的作用，从场容场貌、安全防护、安全措施、外脚手架、机械设备等方面建立文明管理方案指导安全文明施工。

基于 BIM 的施工安全管理

在项目中利用 BIM 建立三维模型让各分包管理人员提前对施工面的危险源进行判断，在危险源附近快速地进行防护设施模型的布置，比较直观地将安全死角进行提前排查。将防护设施模型的布置给项目管理人员进行模型和仿真模拟交底，确保现场按照布置模型执行。利用 BIM 及相应灾害分析模拟软件，提前对灾害发生过程进行模拟，分析灾害发生的原因，制定相应措施避免灾害的再次发生，并编制人员疏散、救援的灾害应急预案。基于 BIM 技术将智能芯片植入项目现场劳务人员安全帽中，对其进出场控制、工作面布置等方面进行动态查询和调整，有利于安全文明管理。总之，安全文明施工是项目管理中的重中之重，结合 BIM 技术可发挥其更大的作用。下面以深基坑工程和高支模工程的安全管理为例进行介绍。

（2）深基坑工程的安全管理

深基坑工程为超过一定规模的危险性较大的分部分项工程，工程勘察前，建设单位应对相邻设施的现状进行调查，并将调查资料（包括周边建筑物基础、结构形式，地下管线分布图等）提供给勘察、设计单位。调查范围从基坑、边坡顶边线起向外延伸相当于基坑、边坡开挖深度或高度的 2 倍距离。施工、监理单位进场后应熟悉设计文件，按照深基坑的定义，确定本工程是否属于深基坑的范畴，并做好深基坑施工的相关工作。

1）深基坑工程问题特点

随着我国城市建设的发展，深基坑工程主要有以下 4 个特点：①深基坑距离周边建筑越来越近；②基坑深度越来越深；③基坑规模与尺寸越来越大；④施工场地越来越紧凑。

深基坑工程安全质量问题类型很多，成因也较为复杂。在水土压力作用下，支护结构可能发生破坏，支护结构形式不同，破坏形式也有差异。渗流可能引起流土、流砂、管涌，造成破坏。围护结构变形过大及地下水流失，引起周围建筑物及地下管线破坏也属基坑工程事故。粗略地划分，深基坑工程事故形式可分为以下三类：①基坑周边环境破坏；②深基坑支护体系破坏；③土体渗透破坏。

2）深基坑安全监测内容的确定和监测点设置要求

深基坑开挖施工中，在工地现场获得的信息可分为地质信息、工程信息和量测信息三类。其中，地质信息包括土层介质的种类和分布、软弱夹层的分布和地下水位等工程与水文地质条件特征以及重度、弹性模量、泊松比、黏聚力和内摩擦角等物理力学特性参数；工程信息包括拟建工程的建筑布置、开挖方案和支护形式，以及由施工过程实录反映的进度、挖方量和支护施作步骤等；量测信息，泛指可用仪表在工程现场直接量测的，在地层或支护中产生的位移量、应变量或应力增量的量测值，以及用以描述这些物理量随时间而变化的规律曲线等。在对基坑围护进行设计计算和安全性预测时，以上信息均为基础信息。显而易见，这些信息的正确性直接影响设计和预测计算的正确性，然而由于土体地层分布和支护参数的不确定性，以及施工步骤发生变更等原因，准确获取上述信息一般很难实现，使依据现场量测信息借助反分析方法等确定即时土体性态参数，据以对同一开挖工序及下一开挖工序基坑支护的变形及其安全性作出检验或预报具有较大的意义。另外，按照监测的对象不同，监测内容可划分为自然环境、基坑周围及底部土体、支护结构、地下水位、周围建（构）筑物以及管道管线（如自来水管、排污水管、电缆、煤气管等）。按照监测的物理力学量不同，监测内容可划分为支护结构、土体环境、建（构）筑物和管线的位移或倾斜、应力应变（土压力、支护结构的轴力、弯矩和剪力）等。

安全监测内容的确定与监测对象的安全重要性密切相关。基坑侧壁采用支护结构的安全等级划分见表2-2-1。

支护结构的安全等级 表2-2-1

安全等级	破坏后果
一级	支护结构失效、土体过大变形对基坑周边环境或主体结构施工安全的影响很严重
二级	支护结构失效、土体过大变形对基坑周边环境或主体结构施工安全的影响严重
三级	支护结构失效、土体过大变形对基坑周边环境或主体结构施工安全的影响不严重

基坑支护设计应根据支护结构类型和地下水控制方法，按表2-2-2选择基坑监测项目，并应根据支护结构构件、基坑周边环境的重要性及地质条件的复杂性确定监测点部位及数量。选用的监测项目及其监测部位应能够反映支护结构的安全状态和基坑周边环境受影响的程度。

基坑监测项目选择 表2-2-2

监测项目	支护结构的安全等级		
	一级	二级	三级
支护结构顶部水平位移	应测	应测	应测
基坑周边建（构）筑物、地下管线、道路沉降	应测	应测	应测
坑边地面沉降	应测	应测	宜测
支护结构深部水平位移	应测	应测	宜测
锚杆拉力	应测	应测	选测
支撑轴力	应测	宜测	选测
挡土构件内力	应测	宜测	选测
支撑立柱沉降	应测	宜测	选测
支护结构沉降	应测	宜测	选测
地下水位	应测	应测	选测
土压力	宜测	选测	选测
孔隙水压力	宜测	选测	选测

根据上述规范内容要求，施工监测内容可分为如下4大类，共17个小项：

①围护结构监测

a. 围护墙压顶梁变形监测；

b. 围护墙深层水平侧向位移监测；

c. 围护墙应力监测；

d. 围护墙温度监测。

②水平及竖向支撑系统监测

a. 支撑轴力监测；

b. 立柱应力监测；

c. 立柱沉降监测；

d. 支撑两端点的差异沉降监测；

e. 坑底回弹监测。

③水工监测

a. 坑外地下水水位监测；

b. 坑外承压水水位监测；

c. 坑外孔隙水压力监测；

d. 坑外土压力监测。

④环境监测

a. 周边地下管线变形监测；

b. 周边建筑物变形监测；

c. 周边建筑物裂缝监测；

d. 坑外地基土沉降监测。

关于基坑监测的内容和监测点的设置应满足以下要求：

①安全等级为一级、二级的支护结构，在基坑开挖过程与支护结构使用期内，必须进行支护结构的水平位移监测和基坑开挖影响范围内建（构）筑物、地面的沉降监测。

②支挡式结构顶部水平位移监测点的间距不宜大于 20m，土钉墙、重力式挡墙顶部水平位移监测点的间距不宜大于 15m，且基坑各边的监测点不应少于 3 个。基坑周边有建筑物的部位、基坑各边中部及地质条件较差的部位应设置监测点。

③基坑周边建筑物沉降监测点应设置在建筑物的结构墙、柱上，并应分别沿平行、垂直于坑边的方向布设。在建筑物邻基坑一侧，平行于坑边方向上的测点间距不宜大于 15m。垂直于坑边方向上的测点，宜设置在柱、隔墙与结构缝部位。垂直于坑边方向上的布点范围应能反映建筑物基础的沉降差。必要时，可在建筑物内部布设测点。

④对于地下管线沉降监测，当采用测量地面沉降的间接方法时，其测点应布设在管线正上方。当管线上方为刚性路面时，宜将测点设置于刚性路面下。对直埋的刚性管线，应在管线节点、竖井及其两侧等易破裂处设置测点。测点水平间距不宜大于 20m。

⑤道路沉降监测点的间距不宜大于 30m，且每条道路的监测点不应少于 3 个。必要时，沿道路方向可布设多排测点。

⑥对坑边地面沉降、支护结构深部水平位移、锚杆拉力、支撑轴力、立柱沉降、支护结构沉降、挡土构件内力、地下水位、土压力、孔隙水压力进行监测时，监测点应布设在邻近建筑物、基坑各边中部及地质条件较差的部位，监测点或监测面不宜少于 3 个。

⑦坑边地面沉降监测点应设置在支护结构外侧的土层表面或柔性地面上。与支护结构的水平距离宜在基坑深度的 0.2 倍范围以内。有条件时，宜沿坑边垂直方向在基坑深

度的 1～2 倍范围内设置多个测点的监测面，每个监测面的测点不宜少于 5 个。

⑧采用测斜管监测支护结构深部水平位移时，对现浇混凝土挡土构件，测斜管应设置在挡土构件内，测斜管深度不应小于挡土构件的深度；对土钉墙、重力式挡墙，测斜管应设置在紧邻支护结构的土体内，测斜管深度不宜小于基坑深度的 1.5 倍。测斜管顶部尚应设置用作基准值的水平位移监测点。

⑨锚杆拉力监测宜采用测量锚头处的锚杆杆体总拉力的方式。对多层锚杆支护结构，宜在同一竖向平面内的每层锚杆上设置测点。

⑩支撑轴力监测点宜设置在主要支撑构件、受力复杂和影响支撑结构整体稳定性的支撑构件上。对多层支撑支护结构，宜在同一竖向平面的每层支撑上设置测点。

⑪挡土构件内力监测点应设置在最大弯矩截面处的纵向受拉钢筋上。当挡土构件采用沿竖向分段配置钢筋时，应在钢筋截面面积减小且弯矩较大部位的纵向受拉钢筋上设置测点。

⑫支撑立柱沉降监测点宜设置在基坑中部、支撑交会处及地质条件较差的立柱上。

⑬当挡土构件下部为软弱持力土层或采用大倾角锚杆时，宜在挡土构件顶部设置沉降监测点。

⑭基坑内地下水水位的监测点可设置在基坑内或相邻降水井之间。当监测地下水水位下降对基坑周边建筑物、道路、地面等沉降有影响时，地下水水位监测点应设置在降水井或截水帷幕外侧且宜尽量靠近被保护对象。当有回灌井时，地下水水位监测点应设置在回灌井外侧。水位观测管的滤管应设置在所测含水层内。

⑮各类水平位移观测、沉降观测的基准点应设置在变形影响范围外，且基准点数量不应少于 2 个。

⑯基坑各监测项目采用的监测仪器的精度、分辨率及测量精度应能反映监测对象的实际状况，并应满足基坑监控的要求。

⑰各监测项目应在基坑开挖前或测点安装后测得稳定的初始值，且次数不应少于 2 次。

⑱支护结构顶部水平位移的监测频次应符合下列要求：

a. 基坑向下开挖期间，监测不应少于每天一次，直至开挖停止后连续 3 天的监测数值稳定；

b. 当地面、支护结构或周边建筑物出现裂缝、沉降，遇到降雨、降雪、气温骤变，基坑出现异常的渗水或漏水，坑外地面荷载增加等各种环境条件变化或异常情况时，应立即进行连续监测，直至连续 3 天的监测数值稳定；

c. 当位移速率大于或等于前次监测的位移速率时，则应进行连续监测；

d. 在监测数值稳定期间，应根据水平位移稳定值的大小及工程实际情况定期进行监测。

⑲支护结构顶部水平位移之外的其他监测项目，除应根据支护结构施工和基坑开挖情况进行定期监测外，还应在出现下列情况时进行监测：

a. 支护结构水平位移增长时；

b. 出现第 ⑱ 支项要求 a、b 内容的情况时；

c. 锚杆、土钉或挡土构件施工时，或降水井抽水等引起地下水位下降时，应进行相邻建筑物、地下管线、道路的沉降观测。

当监测数值比前次数值增长时，应进行连续监测，直至数值稳定。

⑳ 对基坑监测有特殊要求时，各监测项目的测点布置、量测精度、监测频度等应根据实际情况确定。

㉑ 在支护结构施工、基坑开挖期间以及支护结构使用期内，应对支护结构和周边环境的状况随时进行巡查，现场巡查时应检查有无下列现象及其发展情况：

a. 基坑外地面和道路开裂、沉陷；

b. 基坑周边建筑物开裂、倾斜；

c. 基坑周边水管漏水、破裂，燃气管漏气；

d. 挡土构件表面开裂；

e. 锚杆锚头松动，锚杆杆体滑动，腰梁和锚杆支座变形，连接破损等；

f. 支撑构件变形、开裂；

g. 土钉墙土钉滑脱，土钉墙面层开裂和错动；

h. 基坑侧壁和截水帷幕渗水、漏水、流砂等；

i. 降水井抽水不正常，基坑排水不通畅。

应对基坑监测数据、现场巡查结果及时进行整理和反馈。当出现下列危险征兆时应立即报警：

①支护结构位移达到设计规定的位移限值，且有继续增长的趋势；

②支护结构位移速率增长且不收敛；

③支护结构构件的内力超过其设计值；

④基坑周边建筑物、道路、地面的沉降达到设计规定的沉降限值，且有继续增长的趋势；基坑周边建筑物、道路、地面出现裂缝，或其沉降、倾斜达到相关规范的变形允许值；

⑤支护结构构件出现影响整体结构安全性的损坏；

⑥基坑出现局部坍塌；

⑦开挖面出现隆起现象；

⑧基坑出现流土、管涌现象。

3）深基坑安全监测系统测试方法及原理

①周围地面和管线沉降及支护结构表面侧向变形监测

a. 经纬仪观测法。基坑侧向位移观测中，在有条件的场地，用视准线法比较简便。具体做法为：沿欲测基坑边缘设置一条视准线，在该线的两端设置基准点 A、B，在此基线上沿基坑边缘设置若干个侧向位移测点。基准点 A、B 应设置在距离基坑一定距离的稳定地段，各测点最好设在刚度较大的支护结构上，测量时采用经纬仪测出各测点对此基线的偏离值，两次偏离值之差，就是测点垂直于视准线的水平位移值。

b.水准仪测量方法。观测方案：基准点和观测点的首次测量为往返观测，以获得可靠的初始值；以后各期为单程观测，由所有的观测点组成附合水准路线，附合在基准点上。基准点每月检测一次。观测方法采用中丝读数法。

②围护结构深层侧向变形监测

测斜仪是一种可精确地测量沿垂直方向土层或围护结构内部水平位移的工程测量仪器。测斜仪分为活动式和固定式两种，在基坑开挖支护监测中常用活动式测斜仪。活动式测斜仪按测头传感元件不同，又可细分为滑动电阻片式、电阻片式、钢弦式及伺服加速计式4种。

③土压力和孔隙水压力观测

国内目前常用的压力传感器根据其工作原理分为钢弦式、差动电阻式、电阻应变片式和电感调频式等。其中，钢弦式压力传感器长期稳定性高，对绝缘性要求较低，较适用于土压力和孔隙水压力的长期观测。

④围护结构内应力的监测

支护结构内应力监测通常是在有代表性位置的钢筋混凝土支护桩和地下连续墙的主受力钢筋上布设钢筋应力计，监测支护结构在基坑开挖过程中的应力变化。监测宜采用振弦式钢筋应力计。

（3）高支模工程的安全管理

随着社会经济的发展，建筑工程的规模越来越大，越来越多的工程建设需要采用高支模。高支模的高度从几米到十几米，有的甚至高达几十米。一方面，高支模施工作业比较容易发生高处坠落事故，造成人员的伤亡；更为严重的是，在施工过程中如果支模系统发生坍塌，会造成作业人员的群死群伤，酿成较大甚至重大的施工安全事故。

 【任务实施】

小组活动，通过查阅相关文献，小组研讨：（1）建设项目施工安全主要受哪些因素影响？（2）利用智慧工地如何更有效地进行或指导进行施工安全管理？（3）针对当前基于智慧工地和BIM的施工安全管理手段和措施，您有哪些建议？

 【学习小结】

基于BIM技术，对施工现场重要生产要素的状态进行绘制和控制，有助于实现危险源的辨识和动态管理，有助于加强安全策划工作，使施工过程中的不安全行为／不安全状态得到减少和消除，做到不发生事故，尤其是避免人身伤亡事故，确保工程项目的效益目标得以实现。

知识拓展

质量管理功能模块内容包括从业人员行为管理、建筑材料管理、工程变更管理、方案编制及审查管理、工程质量验收管理、技术资料管理和数字档案管理。安全管理功能模块内容包括危大工程信息管理、危大工程安全检查和事故应急处置。

典型质量安全管理系统的建设内容

典型质量安全管理系统的建设内容见表 2-2-3。

典型质量安全管理系统的建设内容　　　　　　　表 2-2-3

序号	项目	建设内容
1	从业人员行为管理	（1）核验关键岗位从业人员资格
		（2）建立关键岗位人员质量行为记录档案
		（3）关键岗位人员电子签章授权及存样
		（4）项目管理机构人员"两书"的签署
2	建筑材料管理	（1）具备进场材料信息化管理
		（2）具备建材现场取样唯一性标识功能
		（3）具备建筑材料检测数据现场采集和在线传输功能
		（4）具备建筑材料检测数据统计、分析、查询和预售功能
		（5）材料检测报告的有效性验证并及时归档
		（6）具备相关检测机构和人员的资质、资格查询功能
		（7）关联 BIM 模型，实现材料的可追溯
3	工程变更管理	（1）变更台账信息化管理
		（2）关联 BIM 建造模型
		（3）变更的可追溯
4	方案编制及审查管理	（1）施工方案编制和审查的信息化管理
		（2）台账信息化查询
		（3）关联施工过程管理，及时提出预警
5	工程质量验收管理	（1）具备质量问题及处理全过程的信息化管理
		（2）关键环节或部位的管理，实现行为信息、施工信息的采集和信息化管理
		（3）具备施工进度记录和管理功能
		（4）检验批、分项、子分部、分部、子单位工程、单位工程以及工程验收过程的行为信息、质量信息的采集和信息化管理
		（5）具备记录信息数据统计、分析、查询功能；可即时发现工程隐患信息，操作不规范行为，即时发出警示和整改信息给相关责任人，实现工序验收的信息化管理流程
		（6）关联 BIM 建造模型，进行数据统计及分析

序号	项目	建设内容
6	技术资料管理	（1）技术资料数字化管理
		（2）技术资料关联岗位及责任人
		（3）电子签章和无纸化管理
		（4）资料关联构件，技术资料逆向定位构件
		（5）关联 BIM 建造模型
7	数字档案管理	（1）自动化档案组卷
		（2）数字档案验收信息化管理
		（3）关联 BIM 档案模型
8	危大工程信息管理（危险源管理）	（1）具备工程危险源数据采集记录、查询、分析功能，建立静态危险源数据库
		（2）具备危大工程施工方案和应急事故处置预案电子记录、电子审批、电子签名功能
		（3）具备危大工程施工进度监测功能
		（4）具备动态危险源电子记录和自动上报功能
		（5）具备危大工程实施过程的变更、检查、验收电子记录功能
		（6）具备危大工程分级管控功能
		（7）具备智能移动终端即时采集和录入危险源数据
9	危大工程安全检查	（1）对施工现场重点安全管控区域设置技术检测设备，具备重点安全管制区域实时在线监测功能，数据在线传输功能
		（2）在管控区域边界形成"防护墙"，能及时发现入侵人员，执行报警行为
		（3）具备对监测和记录数据信息统计、查询、分析功能，具有及时发现隐患问题、即时预警功能
		（4）具备现场流程化、协同化安全管理功能，实现对施工现场的安全管理、检查（随机抽查）记录、整改通知及回复等的全过程电子记录
		（5）具备危大工程问题发现、分派、整改与销项，总包、监理、建设方的协同工作全过程电子记录功能
		（6）具备危大工程隐患问题实时上报功能
		（7）具备视频联动功能和短信推送功能，当系统监测到报警时，监控摄像头自动联动录像、抓拍（用于事后取证），并发送报警信息至相关人员
		（8）具有边坡变形、倾斜、应力等多参数在线监测、数据分析、预警等功能
		（9）具有基坑环境参数检测、数据在线上传功能
		（10）具备巡检人员使用移动终端下发隐患整改通知单、审核和复查功能
		（11）具备责任整改人使用移动终端上传整改数据功能
10	事故应急处置	（1）实现现场施工方、监理方、建设方/业主方三级安全监管体系，具备事故及安全隐患问题逐级预警功能
		（2）具有应急预案任务自动启动、显示和下发功能
		（3）具备事故自动上报至综合信息管理平台功能
		（4）具备自动关联质量监管、设备监控、视频监控等数据功能，真实反映事故现场状况
		（5）具备手动关联质量监管、设备监控、视频监控等数据功能，辅助决策功能
		（6）建立应急预案专家库，具备各类应急事件快速处理功能

典型工程质量验收管理系统应用技术要求见表2-2-4。

典型工程质量验收管理系统应用技术　　　　表2-2-4

项目	内容
智慧应用名称	工程质量验收管理"智能化应用"
应用简介	工程质量验收管理"智能化应用"是指通过建立"市智慧工地管理平台"工程质量验收管理子系统，对建设工程重要节点验收过程中的验收组织、验收程序及验收内容等各环节实施有效的动态监管的智能化管理措施
建设主体与内容	（1）市城乡建委负责建立"市智慧工地管理平台"工程质量验收管理子系统，接收并处理监理单位报送的验收数据。 （2）监理单位在组织工程重要分部验收（地基基础、主体结构、节能分部、工程预验收、工程验收）时，应将验收成果上传至"市智慧工地管理平台"工程质量验收管理子系统，并随验收进度实时更新。建设单位应对监重量单位报送信息进行符合性审查
硬件设备要求	连接互联网的电脑
其他要求	应满足国家现行相关法律法规、标准规范的要求

习题与思考

一、填空题

1. PDCA循环中，P代表_____，D代表_____，C代表_____，A代表_____。

2. 全过程管理是指从_____、_____、_____、_____、_____、_____以至产品销售等环节都进行质量管理。

3. 施工质量管理涵盖范围主要包括_____、_____、_____、_____、_____、_____等。

4. 施工安全管理涵盖范围主要包括_____、_____、_____、_____、_____、_____等。

习题参考答案

二、简答题

1. 智慧工地在施工质量与安全管理中的关键作用是什么？

2. 工地现场环境复杂，请讨论智慧工地在不同场景下对技术方案的要求？

3. 智慧工地系统若应用于项目全生命周期，需要在哪些方面做出改进？

4. BIM技术对施工质安管理产生了哪些影响？对智慧工地建设又有哪些影响？

5. 智慧工地对建筑业会产生哪些影响？

三、讨论题

1. 结合上网搜索、文献查询与实地调研等，讨论如何基于智慧工地提高施工质量与安全管理水平，如何进一步推进智能建造与智慧管理全面落地应用？

2. 请结合职业岗位能力要求，讨论在智慧工地施工管理背景下如何提升自我职业岗位竞争力？

模块 ③

智能检测

施工智能检测

认识施工智能检测
实测实量智能检测
知识拓展
习题与思考

结构、材料质量检测

智能检测在混凝土施工中的应用
智能检测在预制构件中的应用
知识拓展
习题与思考

项目 3.1　施工智能检测

教学目标 📖

一、知识目标

1. 了解施工智能检测在智能建造中的作用和地位；

2. 了解现代高科技赋能的智能检测系统的基本构成；

3. 建立正逆向数据融合、挖掘、分析、追溯、分享、整改的工业互联网概念。

二、能力目标

1. 能举例说出智能检测常用的设备以及实现的方法；

2. 可以通过一项成熟的智能检测系统案例，进行全流程的实操训练。

三、素养目标

1. 能够适应行业变化和变革，具备智能建造中工业互联网数据采集、传输、共享的意识；

2. 坚定理想信念，具备做新一代智能建造从业者的使命感。

学习任务 📑

　　了解智能检测核心技术的构成；通过智能实测实量系统案例，建立以正逆向数据融合为导向的智能检测数据闭环流转的概念，建立数据挖掘、分析、追溯、分享、整改的数据平台工业互联网的概念。

建议学时 ⌖

　　6 学时

思维导图

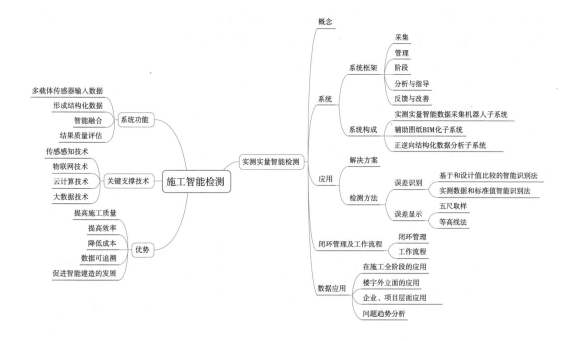

任务 3.1.1 认识施工智能检测

【任务引入】

当前，随着科学技术的不断突破，以 5G、大数据、云计算、人工智能、机器学习为代表的新兴技术正在赋能制造业，同时也大大促进了检测设备的智能化发展。目前在国家大力推进智能建造的大趋势下，智能检测也开始在施工建造领域也得到了推广和应用。

施工智能检测是一种具有明显技术密集型特征的智能装备和闭环管理的信息化、互联网系统，可以实现对施工现场实测实量、温度、湿度、光照、噪声、振动等数据的实时监测和控制，以及对施工材料、设备、人员等的实时监控和管理。施工中的智能检测是施工建造过程中质量保障的基础，是智能建造的重要组成部分。

【知识与技能】

1. 智能检测的认知

工业和信息化部、国家发展和改革委员会、教育部、财政部、国家市场监管总局、中国工程院、国家国防科技工业局等七部门于 2023 年 2 月联合印

智能检测的认知

发《智能检测装备产业发展行动计划（2023—2025年）》中指出：智能检测装备作为智能制造的核心装备，是"工业六基"的重要组成和产业基础高级化的重要领域，已成为稳定生产运行、保障产品质量、提升制造效率、确保服役安全的核心手段，对加快制造业高端化、智能化、绿色化发展，提升产业链、供应链韧性和安全水平，支撑制造强国、质量强国、网络强国、数字中国建设具有重要意义。

近年来，随着智能制造深入推进，智能检测装备需求日益增加，新技术新产品竞相涌现，产业呈现快速发展势头。智能检测技术是结合人工智能、物联网、无人机、5G、云平台等高新技术，在仪器仪表的使用、开发、生产的基础上发展起来的一项综合性技术。它能减少人们对探测结果的干扰，减轻人员的工作压力，从而使被测对象的可靠性得到保证。

智能检测系统的典型结构如图3-1-1所示。

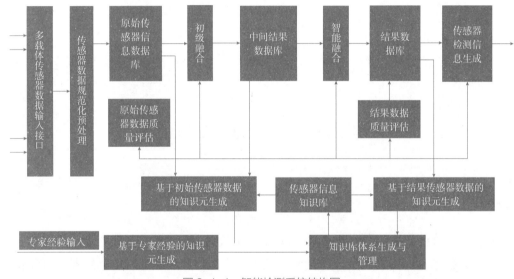

图 3-1-1 智能检测系统结构图

智能检测系统的各部分功能如下：

（1）多载体传感器数据输入接口为送来的各种载体形式的传感器数据提供输入接口。

（2）传感器数据规范化预处理为进入原始传感器数据库的数据记录进行规范化的变换和预处理。

（3）原始传感器数据质量评估在传感器信息知识库的支持下对原始传感器数据的质量进行评估，综合考查传感器数据的来源与背景、技术特征参数的波动范围与测量精度，以及其他数据的可信度、完整性及时效性等，它是最后确定加权系数或隶属度的依据。

（4）初级融合处理是在传感器信息知识库的支持下对原始数据进行重复性、相驳性、完备性检查和合并、去相驳、补遗缺等处理，并进行初级统计分析，在此基础上形成可供后续智能融合处理的中间结果数据。

（5）智能融合处理是在传感器信息知识库的支持下对中间结果数据库中的数据进行广义的相关分析、模糊模式匹配和关联分析、智能推理等综合分析处理，最后将处理结果存入结果数据库，支持最终数据的综合生成。

（6）结果数据的质量评估是在传感器信息知识库的支持下对智能融合处理过程及其所得到的结果数据进行质量评估，以便确定进入结果数据库中各数据记录的质量等级。

（7）基于专家经验的知识元生成是在领域专家经验的指导下形成数据融合处理的准则、模型、逻辑、经验公式与数据等，为传感器知识的框架结构提供素材。

（8）传感器检测信息生成是最终得出的传感器检测结果。

传感器是智能检测系统的信息来源，是能够感受规定的被测量，并按照一定的规律转换成可用输出信号的器件或装置，其性能决定了整个检测系统的性能。传感器技术是关于传感器的设计、制造及应用的综合技术，它是信息技术（传感与控制技术、通信技术和计算机技术）的三大支柱之一。传感器的工作原理多种多样，种类繁多，近年来随着新技术的不断发展，涌现出了各种类型的新型智能传感器，使传感器不仅有视、嗅、触、味、听觉的功能，还具有存储、逻辑判断和分析等人工智能，从而使传感器技术提高到了一个新的水平。智能传感器是未来传感器技术发展的重要方向。

智能传感器是微电子技术、计算机技术和自动测试技术的结晶，其特点是能输出测量数据及相关的控制量，适配各种微控制器。它是在硬件的基础上通过软件来实现检测功能，软件在智能传感器中占据了主要作用，智能传感器通过各种软件对测量过程进行管理和调节，使之工作在最佳状态，并对传感器测量数据进行各种处理和存储，提高了传感器性能指标。智能传感器的智能化程度与软件的开发水平成正比，利用软件能够实现硬件难以实现的功能，降低了传感器的制造难度。

2. 智能检测方法

（1）基于神经网络的智能检测

神经网络技术是国际上从 20 世纪 80 年代中期以来迅速发展和崛起的一个新研究领域，成为当今的一个研究热点，对它的研究包括理论、模型、实现和应用等各个方面，目前已经取得了较大的成果。神经网络技术在信号处理领域中的应用更引人注目，特别是在目标识别、图像处理、语音识别、自动控制、通信等方面有极为广阔的应用前景，并可望取得重大的突破。

智能检测的方法

在信号处理领域，无论是信号的检测、识别、变换，还是滤波、建模与参数估计，都是以传统的数字计算机为基础的。由于这种计算是基于串行程序的原理和特征，使得它在信号处理的许多领域中很难发挥作用。例如在信号检测、估计与滤波中，要求的最优处理与需要的运算量之间存在着很大的矛盾，也就是说，要达到最优处理性能，需要完成的计算量通常大到不可接受的地步。为此人们就期望着有一种新的理论和技术来解决诸如此类的问题。神经网络技术就是在对人类大脑信息处理研究成果的基础上提出来的。利用神经网络的高度并行运算能力，就可以实现难以用数字计算机实现的最优信号处理。神经网络不仅是信号处理的有效工具，而且也是一种新的方法论。

目前，在智能检测领域中广泛开展了对神经网络的深入研究，主要应用包括实时控制、故障诊断、参数估计、传感器模型、模式识别与分类、环境监测与治理及光谱与化学分析等。在实际智能检测系统中，传感器的输出特性不仅仅是目标参量的函数，它还受到环境参量的影响，而且参量之间常常存在着交互作用，这使得传感器的输出大都为非线性并存在静态误差，从而影响了测量精度。

（2）基于深度学习的智能检测

深度学习（Deep Learning，DL）是机器学习的分支，是一种以人工神经网络为架构，对数据进行表征学习的算法。随着大数据、云计算时代的到来，强大的计算机运算能力解决了深度学习训练效率低的问题，训练数据的大幅增加则降低了过拟合风险。因此，深度学习在智能检测、图像处理等方面具有优越的性能。

深度学习正逐渐取代"人工特征＋机器学习"的方法，成为主流的图像检测方法，其原因是：互联网的普及使获取大量训练数据成为可能，分布式系统及高性能计算技术带来的计算能力提升大幅缩短了神经网络模型训练的耗时以及算法领域提出了一些适合深度神经网络训练的技巧。随着深度学习技术的兴起，许多智能检测任务的准确率得到很大提高。在计算机视觉领域中，卷积神经网络取得了良好的性能。然而，深度学习技术存在的问题是它们需要大量的训练数据，训练数据越多，神经网络的层次越深，所拥有的性能就越良好。

在如今的生活中，基于深度学习的传感器信号智能检测技术在我们身边随处可见，如摄像头的人脸检测、停车场的车牌检测、自动解析用于构建人脑三维图的显微镜图像、AI回复与语音检测、用于围棋竞赛的"AlphaGo"等。

（3）基于数据挖掘的智能检测

20世纪60年代，数字方式数据采集技术已经实现。随后，能够适应动态按需分析数据的结构化查询语言迅速发展起来。人类社会进入信息时代后，快速发展的计算机软硬件使得数据存储成为可能，在计算机中保存的文件及数据数量成倍增长，用户也期望从这些庞大的数据中获得最有价值的信息。尽管各商业公司、部门、科研院所积累了海量数据，但是这些数据只有很少的一部分被有效利用。信息用户面临着数据丰富而知识匮乏的问题，迫切需要能自动化、高效率地从海量数据中提取有用数据的新型处理技术。在这样的需求背景下，数据挖掘技术应运而生。数据挖掘技术结合了传统的数据分析方法和处理海量数据的复杂算法，使从数据库中高效提取有用信息成为可能，为现今信息技术的发展奠定了基础。

数据挖掘技术（DM）或称从数据库中发现知识（KDD），其定义为从数据库中发现潜在的、隐含的、先前不知道的有用的信息，也被定义为从大量数据中发现正确的、新颖的、潜在有用的，并能够被理解的知识过程。数据库知识发现过程主要有以下三个步骤：

①预处理：将未处理好的录入资料转换成与分析相适应的形式，为挖掘工作准备数据。数据清洗是用来清除不一致的杂音资料；数据选择用于从数据库中抽取和挖掘与任务相关联的数据集；数据整合是用来将多种数据源组合在一起；数据变换用于规范数据形式，以适合数据挖掘。由于收集和存储的数据形式多种多样，因此，数据预处理在知识发现过程中可能是最费力、最耗时的步骤。

②数据挖掘：最基本的步骤，也是最重要的步骤，使用智能方法，自动、高效地发现有用知识，提取挖掘模式。

③模式评估：根据某种评价标准，识别真正有用的模型，并确保只将有效的和有用的挖掘结果集成到专家系统中。

数据挖掘作为发现知识过程中最基本、最重要的步骤，涵盖了多个学科领域的知识，受多个学科影响。数据挖掘截取了多年来数理统计技术和人工智能以及知识工程等多个领域的研究成果，已经构建了自己的理论体系，可以集成到数据库、人工智能、数理统计、可视化、并行计算机技术等中。

3. 施工智能检测在智能建造中的作用和地位

施工智能检测在智能建造中具有重要的作用和地位，通过智能检测不仅可以让工程建设行业迈上向数字化和信息化转型升级的新台阶，实现工程质量监管，数字化控制的同时，大大提高工程实施效率，减少人力资源的使用，对施工安全和作业安全提供更好的保障：

智能检测的作用和地位

（1）提高施工质量。实时监测施工现场的各种参数，如温度、湿度、振动等，及时发现并解决施工过程中出现的问题，从而提高施工质量。

（2）提高安全性。通过实时监测施工现场的安全状况，及时发现并处理潜在的安全隐患，从而提高施工现场的安全性。

（3）提高效率。通过实时监测施工现场的工作进度，及时发现并解决工作中出现的问题，从而提高施工效率。

（4）降低成本。施工智能检测可以减少因施工质量问题导致的返工和维修费用，同时也可以减少因安全事故导致的损失和赔偿费用，从而降低施工成本。

（5）促进智能建造的发展。施工智能检测是智能建造中的重要组成部分，可以推动智能建造技术的进一步发展和应用。

 【任务实施】

通过学习如图3-1-1所示的智能检测系统的典型结构，对智能检测系统的各部分功能进行讲解。

【学习小结】

　　智能检测技术是结合人工智能、物联网、无人机、5G、云平台等高新技术，在仪器仪表的使用、开发、生产的基础上发展起来的一项综合性技术。施工智能检测在智能建造中具有重要的作用和地位，相比传统的检测技术，智能检测在实现工程质量监管、数字化控制的同时，大大提高工程实施效率，减少人力资源的使用，对施工安全和作业安全提供更好的保障，将推动建筑业迈向数字化和信息化转型升级的新台阶。

任务 3.1.2　实测实量智能检测

 【任务引入】

　　建造工程实测实量是在施工过程中检测施工质量的方法。实测实量数据客观真实反映建筑施工各阶段的工程质量水平，能促进建筑质量的改进和提高，达到建筑高品质交付的目的。目前，实践中存在人工重复测量，各施工阶段测量指标、规则、标准各不相同，查验记录统计工作耗时、费力、数据采样低、数据分散、数据无法留存溯源等问题，因此实测实量数据已成为建筑工程质量保证的硬性指标。

　　基于人工智能的实测实量智能检测，是从设计到施工全过程实测实量结构化数据检测与管理的闭环系统。通过专用图纸助手开展设计图矢量化处理、云计算、边缘计算、三维激光智能装备、其他辅助装备，将建筑施工空间三维建模，自动获得相应尺寸偏差、实测实量等数据，进而进行汇总、统计、分析，形成以现场全息空间数据采集、与建筑设计图的拟合比对分析、输出各施工阶段尺寸偏差、实测实量数据的自动检测、分析和控制的闭环数据处理与管理。

 【知识与技能】

1. 实测实量智能检测概念

　　工业化制造的核心基础是按图实施，而建造工程领域多年以来存在设计数据与施工数据脱节，造成质量不可控，甚至出现各种交付问题，这需要正逆向融合数据检测，推进设计与施工的协同。

实测实量智能检测概念

　　建筑物不同阶段的设计 BIM 数据与物理 BIM 数据之间的检测关联构成了正逆向融合数据，这使得建筑物可按生命周期的演进产生可持续应用的大模型结构化数据。正逆向融合的持续检测方法充分保障建筑物在建造过程、运维过程、旧改过程的高质量交付与精准维护。

基于正逆向数据融合的实测实量智能检测表述的概念主要为：

（1）非结构化数据：包括工程设计图纸、尺寸信息、构件信息、点云、IoT 数据等；

（2）结构化数据：包括设计仿真模型、施工模拟、参数化模型、质量模型、构件模型数据；

（3）多维度：包括二维测量、三维空间测量、时间维度、参建方维度等；

（4）正逆向数据：正向数据为设计图通过矢量化技术提取的设计空间、构件、尺寸等关键语义信息，构成设计数据，逆向数据为施工物理实体采集的空间逆向建模、测距、尺寸、构件语义信息等，构成物理实体数据；

（5）正逆向数据融合检测：通过正逆向数据的融合检测，是对设计数据与施工物理实体数据相互印证、预警、纠偏的过程。

通过正逆向数据融合检测将非结构化数据转变为多维度结构化数据，便于在设计、施工、运营、维护、旧改过程中根据实际情况对质量交付、运营维护甚至建筑安全等环节做出正确决策。

2. 实测实量智能检测软硬件系统

（1）系统框架

数据驱动与持续改善的方法论是实测实量正逆向融合检测系统的核心。实测实量智能检测拥有采集、管理、预警、分析与指导、反馈与改善五大阶段的软硬件系统如图 3-1-2 所示。

实测实量智能检测软硬件系统

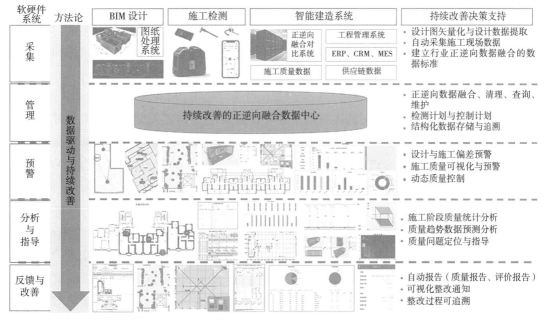

图 3-1-2 数据驱动及持续改善的正逆向融合实测实量智能检测系统

1）数据采集阶段包括设计图矢量化和设计数据提取、自动采集施工现场数据、建立各系统之间的数据接口、融合供应链数据、施工各阶段全检质量数据、建立行业正逆向数据融合的数据标准等。

2）数据管理阶段包括正逆向数据融合、清理、查询、维护、访问控制、正逆向数据比对与管理、检测计划与控制计划、结构化数据存储与追溯等。

3）预警阶段包括设计与施工偏差预警、施工进度可视化与预警、施工质量可视化与预警、动态质量控制、问题结构化数据输出等。

4）分析与指导阶段包括 BIM 系统可视化分析、施工阶段质量统计分析、质量趋势数据预测分析、质量问题定位与指导等。

5）反馈与改善阶段包括自动报告（质量报告、评价报告）、可视化整改通知、整改过程可追溯、合格交付等。

综合的系统能力共同构成了正逆向融合数据中心，实现了正逆向融合数据的统一管理和分析，该系统采用数据驱动和持续改善的方法论，不断优化和扩展系统的性能和功能，以提高施工质量的检测和管理水平。

（2）三大子系统

系统主要由以下三大子系统构成：

1）实测实量智能数据采集机器人子系统

融合多种智能传感器、光机电算技术的实测实量机器人，可进行全墙面、多指标一次性全采样测量，具备测量精度高（±1.5mm）、测量时间快（3 分钟完成单房间测量）、一人一机操作简单等特点。机器人一次性完成单房间空间扫描及测量工作，并输出实测实量结构化指标项数据。

实测实量机器人可通过边缘计算离线自动输出结构化数据结果，包含受测房间可交互的三维模型、各测量指标结果、与设计值的比对结果。实测实量检测子系统：开展自动逆向建模、自动拼接、AI 识别、设计图与逆向建模数据融合等边缘计算，自动输出整体实测实量评判结果、可视化和轻量化的 3D 模型。

2）辅助图纸 BIM 化子系统

采用图纸处理系统中专用的图纸助手进行建筑设计图 BIM 矢量化，提取关键建筑语义信息，核心是将工程图纸中无语义的点、线转变为机器语言可识别的 BIM 数据（剪力墙、隔墙、门、窗等），通过算法深入挖掘 BIM 数据，包括方位、房间、户型、站点、尺寸等信息，为正逆向数据融合提供正向结构化信息，提高设计与施工的高效协同与施工精度。

3）正逆向结构化数据分析子系统

通过 SaaS 化的工程管理系统定义和管理项目数据、测量指标、下尺方案、合格标准、人员信息、图纸信息等基本元数据。正逆向融合后的结构化大数据在脱敏后会被正逆向结构化数据系统用于 AI 训练，以持续提升更多建筑构件自动化测量的效率、准确率。全部数据结果会回流至工程管理系统进行持久化存储，供后续参建方数据追溯、问题整改、数据分析使用。

通过上述系统的协同，可实现持续改善决策支持，通过正逆向数据融合、清理、查询、维护，访问控制，正逆向数据比对与管理，检测计划与控制计划，结构化数据存储与追溯等手段，实现施工阶段质量统计分析，质量趋势数据预测分析，质量问题定位与指导，同时实现施工进度可视化与预警，施工质量可视化与预警，动态质量控制等功能。

3. 实测实量正逆向融合智能检测的应用

（1）实测实量智能检测的解决方案

实测实量正逆向
融合智能检测的
应用

为了解决当下进口软硬件系统价格昂贵、使用操作复杂，无法普及在施工现场的难题，国产的实测实量智能检测系统采用了智能硬件、智能应用软件、云平台 SaaS 服务一体化的一站式解决方案，如图 3-1-3 所示。

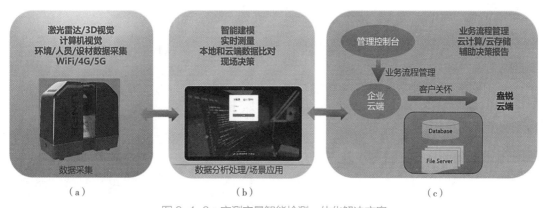

图 3-1-3 实测实量智能检测一体化解决方案

（a）光机电硬件产品；（b）应用软件产品；（c）SaaS 服务产品

（2）实测实量智能检测施工偏差的方法

1）施工误差智能识别的方法

①基于和设计值比较的智能识别法

此方法主要用于检测已有设计值的数据质量，通过房间模型和图纸匹配，获取房间开间进深净高，门窗洞尺寸等设计值，再将实测数据和图纸设计值进行一一比较，差值超过一定范围定义为缺陷。

②实测数据和标准值智能识别法

此方法主要用于建造过程中墙面质量的检测，如测量阴阳角、方正度、垂直度、平整度、极差等相对指标数据。将测量数据和检测标准比对，对于超过标准的数据定位为缺陷。

2）检测误差的智能显示方式

①模拟人工检测的取样误差显示法

行业传统实测实量规范为五尺取样测量法，实测实量机器人可以模拟人工检测的取样误差显示法，以适应当下的实测实量复核要求，如图 3-1-4 所示。

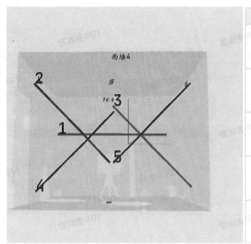

检查项	标准	测量值
垂直度 (mm)	[0,4]	设计值：* 检查值：1/2/1/1/1 实测值：1/2/1/1/1
墙面面积 (m²)	*	设计值：* 检查值：10.02 实测值：10.02
墙面尺寸 (mm)	*	设计值：* 检查值：2818/3518 实测值：2818/3518
墙面平整度 (mm)	[0,4]	设计值：* 检查值：5/4/5/3/3 实测值：5/4/5/3/3
阴阳角直线度 (mm)	[0,3]	设计值：* 检查值：6 实测值：6

图 3-1-4　五尺取样测量

②全墙面智能误差显示法（等高线法）

使用实测实量机器人时，等高线法是通过计算整个空间每个墙面上数以千万点到实测实量机器人的距离，从而实现对墙面的测量，通过等高线网格与问题点在墙面的相对位置关系，进而得到问题在墙面的具体方位。如图 3-1-5 所示，与传统的测量方法相比，全墙面智能误差显示法不仅可以实现对全墙面的精确测量，还可以通过图形化显示，直观地反映出墙面上各点的施工误差情况，便于施工人员及时发现和纠正问题。

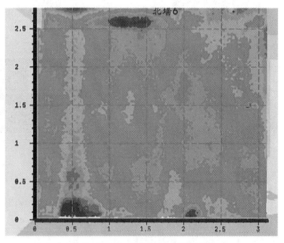

图 3-1-5　等高线法测量结果

4. 实测实量智能检测的闭环管理及工作流程

（1）实测实量智能检测的闭环管理

传统的施工实测实量质量管理由于效率低、精度差、数据回传不及时、碎片化、人为误差、多方测量等问题，导致整体管理成本较高，且时间效率降低，界面移交纠纷增多。在国家大力倡导智能建造数字化转型的趋势下，智能建造技术的发展以及与各相关技术之间的急速融合，使得施工质量管理环节更加信息化、智能化。实测实量机器人、智能测量工具等在主体、砌筑、抹灰、精装、分户验收等阶段使用，实测数据实时回传后台。通过对测量数据的收集、处理和分析，实现对测量结果的闭环管理和改进，如图 3-1-6 所示。

实测实量智能检测的闭环管理及工作流程

图 3-1-6　实测实量智能检测闭环管理架构

（2）实测实量智能检测的闭环工作流程

实测实量智能检测通过初始化、现场测量、问题整改、复测验证形成闭环的工作流程，通过该流程不断地监测质量与改进，满足质量合格与交付要求，如图 3-1-7 所示。

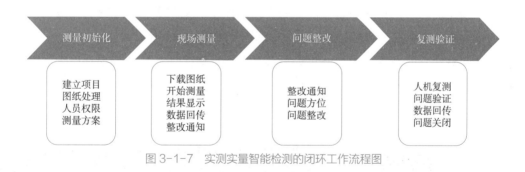

图 3-1-7　实测实量智能检测的闭环工作流程图

5. 实测实量智能检测的数据应用

（1）实测实量在施工全阶段的应用

通过图纸助手自动识别开间进深、净高等设计值，能够自动区分各施工阶段的相应设计值。现场数据采集实测实量机器人自动检测各房间的设计尺寸与实际物理尺寸的偏差，在施工交付前修正尺寸偏差，达到交付即合格的目的，如图 3-1-8 所示。

实测实量智能检测的数据应用

（2）实测实量智能检测楼宇外立面的应用

楼宇外立面平整是保障交付质量的强制要求，传统外立面作业工序需经过四次下吊篮形式采用人工进行测量、整改、复测验证等，存在整体工序时间漫长、高空作业危险、无数据留存、测量成本高昂等问题。

图 3-1-8 智能检测数据在各阶段的应用

各阶段智能检测数据项（由下至上）：

- 混凝土立杆：顶板水平度、墙面垂直度、墙面平整度
- 混凝土立杆拆除：顶板水平度、墙面垂直度、墙面平整度
- 砌筑阶段：室内净高、顶板水平度、墙面垂直度、墙面平整度、房间方正度、开间进深、门窗洞口尺寸
- 抹灰阶段：室内净高、顶板水平度、墙面垂直度、墙面平整度、房间方正度、地表面平整度、地水平度极差、门窗洞口尺寸、阴阳角方正、开间进深、外立面测量
- 土建移交：室内净高、顶板水平度、墙面垂直度、墙面平整度、房间方正度、地表面平整度、地水平度极差、门窗洞口尺寸、阴阳角方正、开间进深
- 装饰工程：室内净高、顶板水平度、墙面垂直度、墙面平整度、房间方正度、地表面平整度、地水平度极差、门窗洞口尺寸、阴阳角方正、开间进深、外立面测量
- 分户查验：室内净高、顶板水平度、墙面垂直度、墙面平整度、房间方正度、地表面平整度、地水平度极差、门洞尺寸、阴阳角方正、开间进深、外立面测量
- 分户验收：室内净高、开间进深

通过实测实量智能检测可对楼宇外立面进行外保温层、饰面前、饰面后综合测量，针对楼宇的外立面全局等高线、分楼层、层间平整度下尺数据可与图纸结合生成外墙爆点位置图、分楼层爆点位置图，指导整改。

楼宇外立面同时存在穿插施工的不同界面，外立面实测实量智能检测可按不同的施工界面标准进行数据合格判断，提供可融合室内外全貌的结构化数据。

外立面智能检测取代了吊篮人工测量及复测验证的工序，时间极短、成本极低、数据可供整改、结构化数据留存，既保证了项目穿插施工的时间效率，又同时提供了各界面的数据合格指标，充分保障项目复测整改在同一阶段一次性完成，如图 3-1-9 所示。

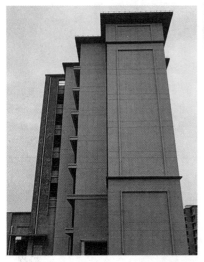

项目外立面复测及合格率

合格率判定标准	27号楼 下尺总数 61		33号楼 下尺总数 68		14号楼 下尺总数 55		整个项目 下尺总数 184	
	尺数	合格率	尺数	合格率	尺数	合格率	尺数	合格率
>4mm	26	57.38%	23	66.18%	0	100.00%	49	73.37%
>5mm	17	72.13%	12	82.35%	0	100.00%	29	84.24%
>6mm	11	81.97%	7	89.71%	0	100.00%	18	90.22%
>7mm	8	86.89%	2	97.06%	0	100.00%	10	94.57%
>8mm	6	90.16%	1	98.53%	0	100.00%	7	96.20%
总结	项目外立面平整度数据统计：共采集3栋3面墙，总尺数：184尺 以4mm为标准，合格率：73.37% 以5mm为标准，合格率：84.24% 以6mm为标准，合格率：90.22% 以7mm为标准，合格率：94.57% 以8mm为标准，合格率：96.20%							

图 3-1-9 外立面智能检测合格率统计示意图

（3）实测实量智能检测全局（企业、项目层面）数据

企业工程或项目管理人员可以从大量实时、客观、可信的回传数据分析出具体项目的施工质量情况、精准定位到具体问题及区域。

通过实测实量数据全局分析，实时了解项目质量、问题以及进度状态、穿插施工的效率等，为质量预警和进度管控提供数据分析，做到提前预警管控，将事后管控变成事前管控，综合提升品质和效率，如图 3-1-10 所示。

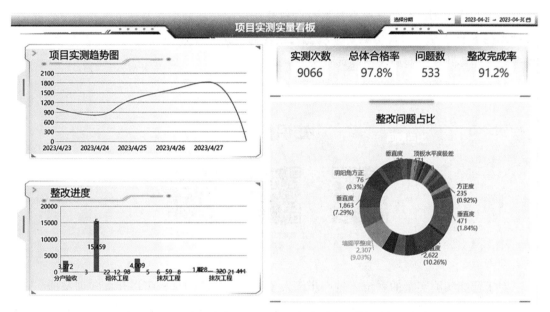

图 3-1-10　全局（企业、项目层面）实测实量数据分析示意图

（4）实测实量智能检测问题趋势分析

将多楼层、楼栋的实测实量问题结合图纸进行叠加汇总与展示，以便识别实测实量在多楼层、楼栋问题数据叠加后高发的具体区域以及具体部位，形成判断施工工艺或材料缺陷等产生连续性缺陷的数据依据，为待建楼层、楼栋或下一个项目提供避免同类高发问题的数据分析预测指导。

 【任务实施】

1. 确定项目目标和范围，明确实测实量智能检测的实现方式和应用场景。

2. 熟悉实测实量智能检测系统平台，包括实测实量机器人、智能测量工具等硬件设备和相关软件系统。

3. 进行现场测量，通过实测实量机器人及其他智能数据采集工具完成测量工作，并将数据回传至后台。

4. 对测量数据进行处理和分析，针对楼宇外立面进行外保温层、饰面前、饰面后综

合测量，提供可融合室内外全貌的结构化数据。

5.通过实测实量数据全局分析，实时了解项目质量、问题以及整改情况，为项目管理提供决策支持。

【学习小结】

本任务介绍了实测实量智能检测技术的系统构成，介绍了检测的原理和应用场景。核心知识是建立正逆向数据融合的概念，理解正逆向数据融合在智能检测中的重要意义。通过本任务的学习，掌握实测实量机器人设备的使用方法和操作技巧，培养学生利用数据平台提升协作能力和解决问题的能力。

知识拓展

智能实测实量系统视频　　辅助图纸BIM化视频　　数据分析系统视频

对于智能实测实量的系统，进一步深入了解，有条件的学校可以建立实训基地。

1.通过智能实测实量系统介绍的视频和动画可以直观地了解智能实测实量系统的完整操作流程，采集的数据如何和正向数据融合以及数据流转、共享的方式。

2.通过辅助图纸BIM化视频可以了解到，如何通过图纸助手软件将CAD图纸的几何图形转化为结构化（BIM化）图纸的操作流程，可以在虚拟的训练平台上进行训练操作。

3.数据分析系统视频清晰地展示了结构化数据如何供各参建方数据追溯、问题整改、分析使用。

习题与思考

一、填空题

1.智能检测技术是结合_____、_____、_____、_____、_____等高新技术，在仪器仪表的使用、开发、生产的基础上发展起来的一项综合性技术。

2._____是实测实量正逆向融合检测系统的核心。

习题参考答案

3. 实测实量智能检测通过_____、_____、_____、_____形成闭环的工作流程，通过该流程不断地监测质量与改进，满足质量合格与交付要求。

二、简答题

1. 施工智能检测在智能建造中的作用是什么？

2. 什么是实测实量正逆向融合智能检测系统？

三、讨论题

1. 通过学习和资料查找，进一步学习和掌握智能检测的相关技术和方法，积极探索新的应用场景和解决方案。

2. 持续关注行业发展和技术进步，讨论实测实量智能检测技术的发展和创新。

项目 3.2 结构、材料质量检测

教学目标

一、知识目标

1.了解智能检测技术在混凝土施工中的应用及特点;

2.了解将传统的混凝土检测方法进行数字化、网络化、智能化改造后的应用场景。

二、能力目标

1.根据实际情况选择适合的智能检测技术;

2.按照检测流程进行检测;

3.对检测结果进行数据分析和处理。

三、素养目标

1.树立施工质量管理细节决定成败的理念;

2.具备热爱智能建造的新一代建筑人才的基本素养。

学习任务

主要了解智能检测在混凝土中的应用及预制构件质量检测的常用检测方法和技术。

建议学时

4学时

思维导图

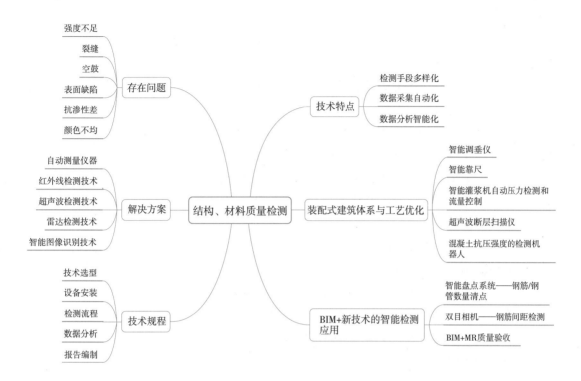

任务 3.2.1 智能检测在混凝土施工中的应用

【任务引入】

随着城市化进程的不断加快，混凝土作为建筑工程中不可或缺的材料，其质量问题也越来越引起人们的关注。因此，如何保证混凝土质量，成为建筑行业亟待解决的难题之一。而智能检测技术的出现，为解决这一难题带来了新的曙光。以下列举了混凝土施工中的常见问题及控制方法，智能检测技术的特点及在混凝土施工中的实际应用。

【知识与技能】

1. 混凝土施工中的质量问题及其影响

在混凝土施工中，由于各种因素的影响，如材料、工艺、环境等，可能会出现一些质量问题。例如，混凝土的强度不足、裂缝、空鼓等问题，

混凝土施工中的
质量问题及其
影响

101

这些问题会影响建筑结构的稳定性和安全性，如果不及时处理这些质量问题，会导致工期延误、增加成本等问题。下面列举几个混凝土施工中比较常见的质量问题及其影响：

（1）强度不足：如果混凝土的强度不足，可能会导致建筑物在受到外力作用时发生变形或破坏，甚至倾塌。

（2）裂缝：混凝土表面出现裂缝可能是由于混凝土中的水分过多或过少，或者是由于温度变化引起的收缩或膨胀。这些裂缝可能会进一步扩大并损坏建筑物的结构。

（3）空鼓：如果混凝土内部存在空隙或气泡，则称为空鼓。这可能导致建筑物表面的不平整度和噪声增加，还可能导致混凝土的强度降低。

（4）表面缺陷：混凝土表面缺陷是指混凝土表面出现的各种形状不规则的缺陷，例如蜂窝、麻面、孔洞等。这些缺陷不仅会影响混凝土的美观度，还会影响混凝土的使用寿命和安全性。

（5）抗渗性差：如果混凝土的抗渗性不好，则可能会导致水和其他液体渗入混凝土，从而损坏建筑物的结构和外观。

（6）颜色不均：如果混凝土的颜色不均匀，则可能会影响建筑物的外观和整体效果。

混凝土施工中的质量问题对混凝土结构的安全性、耐久性、美观度等方面都有着重要影响，因此在混凝土施工中应该加强质量控制，采取科学合理的施工方案和管理措施，确保混凝土施工的质量达到预期要求。

2. 智能检测技术在混凝土施工中的应用

混凝土质量问题一般是混凝土浇筑、养护和使用过程中出现的不符合设计要求或规范标准的现象。混凝土施工中的质量管理非常复杂，包括了很多方面，在传统的混凝土施工中，常用的质量控制方法包括：原材料的质量检验、配合比的调整、施工工艺的控制等。这些方法可以帮助保证混凝土的质量，但是也存在一些不足之处。例如，原材料的质量检验只能发现一些表面

智能检测技术在混凝土施工中的应用

问题，而无法发现内部的问题；配合比的调整需要经验和技术的支持，难以做到完全准确；施工工艺的控制需要大量的人工操作，效率低下。因此，随着科技的发展，越来越多的智能检测技术被应用到混凝土施工中，以提高施工质量和效率。

1）自动测量仪器

自动测量仪器是一种可编程的实时控制系统，可以对混凝土的压力、温度、湿度等参数进行自动监测和记录。通过自动测量仪器，施工人员可以实时了解混凝土的质量状况，及时调整施工方案和措施，保证施工质量和安全。

2）红外线检测技术

红外线检测技术是一种非接触式的检测技术，可以通过红外线相机对混凝土表面的温度变化进行监测和分析，从而判断混凝土的硬化程度和强度。红外线检测技术具有精度高、效率高、安全可靠等优点，成为混凝土施工中常用的智能检测技术之一。

3）超声波检测技术

超声波检测技术是一种利用超声波对混凝土内部结构进行检测的技术。通过超声波检测技术，可以实现对混凝土内部缺陷、裂缝等问题的快速检测和分析，从而保证混凝土的质量和安全。

4）雷达检测技术

雷达检测技术是一种利用雷达波对混凝土内部结构进行检测的技术。通过雷达检测技术，可以实现对混凝土内部结构的高精度检测和分析，从而保证混凝土的质量和安全。

5）智能图像识别技术

智能图像识别技术是一种利用计算机视觉技术对混凝土施工过程中的图像进行自动识别和分析的技术。通过智能图像识别技术，可以实现对混凝土施工过程中的质量问题进行自动检测和报警，从而提高施工质量、确保安全。

3. 混凝土施工中智能检测技术的规程

1）技术选型

在混凝土施工中应根据实际情况选择适合的智能检测技术，包括自动测量仪器、红外线检测技术、超声波检测技术、雷达检测技术、智能图像识别技术等。

混凝土施工中智能检测技术的规程

2）设备安装

在混凝土施工现场应根据检测要求和实际情况对智能检测设备进行安装和调试。设备应符合相关要求和标准，保证安全可靠。

3）检测流程

在混凝土施工过程中，应按照检测流程进行检测，包括设备启动、数据采集、数据处理、检测结果分析等步骤。检测过程应严格按照要求进行，避免漏检。

4）数据分析

对检测结果进行数据分析和处理，包括数据统计、图表分析、异常检测等。数据分析应结合实际情况进行，及时发现和解决问题，保证施工质量和安全。

5）报告编制

对检测结果进行报告编制，包括检测数据、分析结果、问题和改进措施等。报告应具有可读性和准确性，为后续施工提供参考和指导。

4. 智能检测技术在混凝土质量检测中的特点

加强建筑工程质量安全监管，无疑是新基建向工程质量安全监管提出的新要求。所以，需利用现代科技手段，将传统的混凝土检测方法进行数字化、网络化、智能化改造，提高检测效率和准确性。与传统检测技术相比，智能检测技术在施工混凝土质量检测中有如下特点：

智能检测技术在混凝土质量检测中的特点

（1）检测手段多样化

传统的混凝土质量检测方法通常采用手工检测或者仪器检测，这种方法不仅费时费力，而且精度不高，容易受到人为因素的干扰。而智能检测技术则可以通过多种检测手段来实现混凝土质量的检测，例如激光扫描、红外成像、超声波等。这些检测手段具有高精度、高效率等优点，可以有效提高混凝土质量检测的准确度和效率。

（2）数据采集自动化

传统的混凝土质量检测过程需要人工记录数据，这种方式容易出现错误和漏记现象，而且效率低下。智能检测技术可以通过自动化数据采集技术，自动采集混凝土质量数据，减少人为误差，提高数据采集效率。

（3）数据分析智能化

智能检测技术可以对采集到的混凝土质量数据进行分析处理，提取其中的关键信息，并进行智能判断，从而实现混凝土质量的智能检测。例如，通过对混凝土强度、密度、含水率等指标进行分析，可以得出混凝土的质量状况，并根据分析结果进行质量预警。

 【任务实施】

学习了解混凝土施工中智能检测技术的主要技术，学习了解混凝土施工中智能检测技术的规程。

 【学习小结】

混凝土是建筑工程中广泛使用的材料之一，其强度和耐久性对工程质量具有至关重要的影响。因此，在混凝土施工过程中，必须对混凝土进行质量检测，以保证工程质量和安全。智能检测技术逐渐应用于混凝土施工中，为提高施工质量和效率提供了新的解决方案，解决了传统的混凝土质量检测方法主要依赖人工观察和经验判断，存在着精度低、效率低、易出错等问题。

任务 3.2.2　智能检测在预制构件中的应用

 【任务引入】

近年来，在国家和行业主管部门的大力支持下，装配式混凝土建筑取得快速发展。装配式混凝土建筑虽大幅度减少现场施工和二次作业，解决了很多现浇建筑的质量问题。但由于行业发展速度快、专业人员和产业技术工人匮乏、产业配套不成熟等因素，智能检测设备的研发及应用则显得至关重要。以下将从智能检测技术在预制构件的检测应用入手，探讨智能检测技术在预制构件生产、施工全流程中的作用。

 【知识与技能】

预制构件生产成套装备技术是目前国际建筑工业化的潮流之一，与传统建筑相比，在提高建筑产品质量的同时，实现了节能、环保、全生命周期价值化，是国际公认的可持续发展的技术产业。常见的预制构件种类有外墙板（"三明治"结构）、内墙板、叠合板、阳台板、空调板、楼梯、隔墙板、预制梁、预制柱等。智能检测在预制构件中的应用主要体现在两方面：装配式建筑体系与工艺优化、BIM+新技术的智能检测应用。

1. 装配式建筑体系与工艺优化

借助工艺模拟辅助现场技术交底。针对预制构件关键工序作业，引入成套智能设备，可极大提高现场作业效率和施工质量，加快现场进度。

装配式建筑体系与工艺优化

（1）垂直度调整——智能调垂仪

自动调垂装置是一种用于调整建筑物外墙垂直度的设备。它通过电子测垂仪测量数据，将数据反馈给计算机，然后驱动调垂扳手进行自动调整。

如图 3-2-1 所示，智能调垂装置通常包括以下组成部分：调垂扳手，用于手动操作和调整 PC 墙板的垂直度；手持控制器，用于控制和监测自动调垂装置的操作；测锤仪器，用于实时测量墙板的垂直度偏差，并向计算机发送数据；智能 APP，用于管理和监控自动调垂装置的数据和结果，并提供实时查看功能。

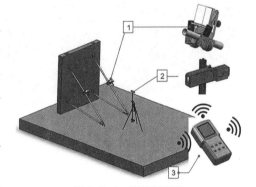

图 3-2-1　智能调垂仪

通过使用这些组件，自动调垂装置可以实时检测墙板的垂直度偏差，并自动调整 PC 墙板的

垂直度。同时，它还可以记录和保存整个过程和结果数据，以便管理人员在智能建造平台或手机上实时查看。

（2）垂直度验收——智能靠尺

智能靠尺具有测量数据实时传输，远程实时监控，且使用不受场地限制的特点。相比传统靠尺，智能靠尺具有以下优势：

1）精度更高：智能靠尺的测量精度可以达到 1mm 以内，比传统靠尺更加准确可靠。这得益于智能靠尺采用了先进的传感器技术，能够精确地感知墙面的高度变化。

2）效率更高：智能靠尺可以在接触墙体后立刻进行测量，并将数据实时传输到手机或电脑上。与传统靠尺相比，它更加快捷方便。

3）记录管理更方便：智能靠尺可以通过配套的 APP 记录测量结果，并生成报告和图表等数据可视化内容。这样用户可以更加方便地管理和分析测量数据，为后续的设计和施工提供参考依据。

（3）智能灌浆机自动压力检测和流量控制

智能灌浆机是一种集自动化监测、记录和控制于一体的智能设备，实时监测灌浆流量、体积和压力。它具有以下特点：具有压力检测和流量控制功能，可以实时监测灌浆过程中的压力和流量变化情况；采用灌浆套筒自适应算法，能够根据不同的灌浆套筒自动调整灌浆参数，确保灌浆效果最佳；可以自动记录灌浆过程中的重要参数，如灌浆时间、灌浆体积等，方便后期数据分析和管理；能够实时监测流量、压力、速度等参数的变化情况，并及时发出警报提示操作人员进行处理；支持最低压力灌浆，避免爆板等安全问题的发生；通过手机端实时显示灌浆过程数据，并自动备份数据，保证数据的安全性和可靠性。

（4）混凝土检测——超声波断层扫描仪

如图 3-2-2、图 3-2-3 所示，超声检测仪，具有单面检测、分辨率高、三维成像的特点，对叠合墙板叠合面等部位连接质量进行无损检测。

（a）   （b）

图 3-2-2　阵列式超声波成像仪

（a）超声波成像仪感知面；（b）超声波成像仪操作面

有效连接是实现装配式混凝土结构"等同现浇"设计的保证，连接部位的质量关乎结构安全。针对预制装配式建筑连接部位质量难以检测的问题，可采用阵列式超声波断层扫描技术对钢筋套筒灌浆饱满度、叠合墙板叠合面等部位的连接质量进行无损检测。

（5）混凝土检测智能化设备

混凝土检测智能化设备主要包括混凝土压力检测机、智能混凝土振动台、

图 3-2-3　超声波断层扫描作业

混凝土压力泌水仪、智能回弹仪、氯离子
测定仪、入模温度检测仪、混凝土坍落度
检测设备等。影响混凝土的质量因素诸
多，混凝土的抗压强度是工程设计和施工
中最重要的参数之一。为了确保混凝土的
抗压强度符合要求，如图 3-2-4 所示，混
凝土抗压强度智能检测机器人，专门用于
混凝土抗压强度的检测。

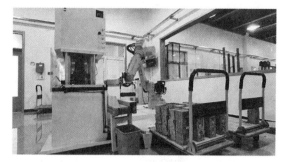

图 3-2-4　混凝土抗压强度智能检测机器人

混凝土抗压强度智能检测机器人主要应用在工程建设过程中，适用于不同规格尺寸
的混凝土立方体试块。该设备从方案制定到设计研发，都严格按照规范要求进行设计。
同时，考虑到了布局的合理性和人性化操作模式，以满足大多数检测机构的收样习惯。
这使得该设备可以最大程度上契合原有的工作流程。此外，模块化的设计让其整体布局
更加经济，适应一、二线城市等空间成本较高的地区。该设备不需要基础施工和装修，
仅占地 $10m^2$，并且可以与 AGV 自动化物流无缝连接，实现养护与送样同步智能化高效
运行。

该机器人还具有其他优势，相比于桁架式的机械抓手，它可以实现全过程自动化并
实现试验检毕留样存放，并且其各模块可以自由组合，便于技术推广。

2. BIM+ 新技术的智能检测应用

基于 BIM 与倾斜摄影、边缘计算、双目视觉、图像识别、物联网技术的
深度结合，研发出适用于钢筋 / 钢管智能点数、钢筋间距检测、主要构件位
置 / 机电管线复核、实测实量等主要应用场景的智能设备和技术，覆盖大部
分现场检测场景，极大地提高现场检测作业效率和精度，减少人工重复作业。

BIM+ 新技术的
智能检测应用

（1）智能盘点系统——钢筋 / 钢管数量清点

智能盘点系统是一种基于人工智能技术的自动化盘点系统，可以用于钢筋 / 钢管等
材料的清点。传统的盘点方式通常需要人工逐个检查材料的数量和位置，工作流程繁琐、
耗时费力，并且容易出现误差。而智能盘点系统可以通过图像识别技术快速准确地识别
出材料的数量和位置。

如图 3-2-5 所示，通过使用手机或相机拍摄钢筋 / 钢管的图像，智能盘点系统可以
自动识别出材料的数量和位置，并将结果显示在屏幕上。这种方式不仅节省了人力和时
间成本，还可以减少人为误差，提高盘点的准确性。

（2）双目相机——钢筋间距检测

双目相机可以用于钢筋间距检测，如图 3-2-6 所示。钢筋间距是指相邻两根钢筋之
间的距离，其大小对于混凝土结构的强度和稳定性有重要影响。传统的人工检测方法效
率低、精度不高，而双目相机可以通过对场景的立体视觉成像来实现钢筋间距的自动检
测和测量。

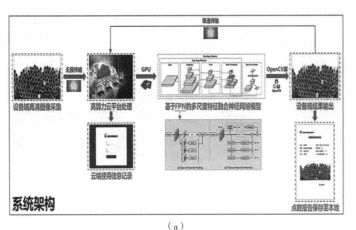

（a）　　　　　　　　　　　　　　（b）

图 3-2-5　钢筋 / 钢管智能盘点系统

（a）自动点数系统架构；（b）自动点数报告界面

在双目相机的系统中，两个摄像头分别安装在不同的位置上，通过计算两个摄像头之间的视差来获取场景的深度信息。然后，利用计算机视觉算法对图像进行处理，识别出钢筋的位置和形状，并计算出钢筋间距。

双目相机的优点是可以实现高速、高精度的钢筋间距检测，而且不受光照、角度等因素的影响。此外，它还可以自动化地完成检测任务，提高工作效率和准确性。因此，在建筑结构工程中广泛应用。

图 3-2-6　双目相机检测钢筋间距界面

（3）BIM+MR 质量验收

MR 混合现实智能眼镜有着虚拟元素与物理空间完美结合的独特优势，作为人工智能的新载体，结合 5G、可穿戴设备等新技术的发展，MR 眼镜将辅助各行业实现自动化生产和实时协作，成为企业运用 AI 驱动业务的重要工具。未来的生产工作模式将从二维平面向三维空间进化，可以通过 MR 眼镜构建功能更加完善和深度定制的人工智能系统，以支持各类复杂任务的高效执行。

在建筑设计领域，可通过 MR 眼镜将 BIM 模型投射到现场，基于 MR 将模型与现场对比，并对现场进行测量，针对发现的质量问题，通过协同平台发起质量问题整改，推送相关责任人。

 【任务实施】

参观预制构件施工现场，熟练操作智能调垂仪、智能靠尺、超声波断层扫描仪、双目相机等一系列施工、检测装备。

【学习小结】

通过智能检测在预制构件施工中的应用案例介绍，可以很好地将前面课程中所讲述的混凝土智能检测技术的理论，在具体应用场景中融会贯通，将理性知识和感性知识相结合，明确智能检测技术在智能建造中的重要作用，为混凝土质量的控制提供更加可靠的支持。

知识拓展

工程建设项目包括勘察、设计、施工、验收、维修、养护、拆除、回收的全生命周期，在建筑行业高质量发展背景下，项目的管理方式从粗犷式管控转变为标准化、精细化管控。混凝土作为目前使用最广泛的结构材料，关系到整个工程的质量，由于混凝土质量不能当时给予评定，一旦事后发现问题，处理起来必将影响到工程的进度和投资。因此，混凝土施工必需重视施工过程的质量控制，从事后检查把关，转向事前控制，达到"以预防为主"的目的。故需打造以物联网为核心的质检模型与监管平台，提供面向企业、集团、行业、政府、群众等多级监管体系，通过非接触式监管方式提升监管效率，混凝土全生命周期管控平台应运而生。

混凝土全生命周期管控平台

混凝土全生命周期管控平台是一种基于信息技术的管理工具，旨在加强对混凝土施工过程中的质量控制，实现从采购、生产、运输、施工到验收和维护的全过程管理。该平台可以对混凝土原材料进行质量检测和评估，确保其符合相关标准和规范要求；同时，可以对混凝土生产过程进行监控和管理，包括搅拌、浇筑、养护等环节，保证混凝土的质量和稳定性；此外，还可以对混凝土施工现场进行实时监测和记录，及时发现和解决质量问题，避免影响工程进度和投资效益。

混凝土全生命周期管控平台的建设需要借助先进的信息技术手段，如物联网技术、云计算技术、大数据技术等，实现数据的采集、分析和共享。通过建立统一的数据平台，可以实现各个环节的数据互通和协同工作，提高管理和决策的效率和精度。同时，该平台还可以为后续的维护和管理提供数据支持，帮助用户更好地了解混凝土的使用情况和性能变化，及时采取措施保障工程的安全和可靠性。

混凝土全生命周期管控平台的建设是当前建筑行业高质量发展的必然趋势，也是实现"以预防为主"的重要手段之一。相关责任单位通过使用混凝土全生命周期质量监管平台，将显著提高混凝土的合格率，提高工程质量，节省工程维修加固和事故处理成本。从生产源头杜绝预拌混凝土生产企业偷工减料行为，实现对混凝土出厂质量的控制，从检测过程杜绝检测单位的弄虚作假，保证检测结果的真实度。全生命周期质量监管平台通过可靠的智能物联技术、数学分析模型，提供各类监管数据的统计和分析，为监管部门提供有效的决策手段。为产业链包括原材料厂、生产企业、物流运输、施工单位、检测与监理、政府监管等提供质量保证服务，实现产业健康发展与生态共赢。

习题与思考

一、填空题

1. 混凝土施工中的质量问题对混凝土结构的_____、_____、_____等方面都有着重要的影响。

2. 影响混凝土的质量因素诸多，混凝土的_____是工程设计和施工中最重要的参数之一。

3. 预制构件生产成套装备技术与传统建筑相比，在提高建筑产品质量的同时，实现了_____、_____、_____，是国际公认的可持续发展的技术产业。

习题参考答案

二、简答题

1. 简述混凝土施工中智能检测技术的规程。

2. 智能检测技术在施工混凝土质量检测中有哪些特点？

3. 在施工现场，智能检测技术如何应用在预制构件的装配中？

三、讨论题

1. 结合参观与文献查询，您认为智能检测技术在结构、材料质量检测方面的主要优势是什么？

2. 智能检测在现场施工中主要有哪些创新点？

3. 学习制定预制构件、浇筑混凝土的质量检测计划和方案，其在检测内容、检测方法等方面有哪些考虑？

模块 ④

进度管理

工程进度分解和编排

认识工程进度管理
工程进度任务分解及在线编排
知识拓展
习题与思考

工程进度预警与纠正

工程进度自动预警
工程进度可视化展示
工程进度偏差纠正
知识拓展
习题与思考

项目 4.1　工程进度分解和编排

教学目标

一、知识目标

1. 认识和了解进度管理；
2. 掌握进度计划的任务分解与编排。

二、能力目标

1. 能进行工程进度任务分解；
2. 能进行工程进度在线编排。

三、素养目标

1. 具有良好大局观，统一协调能力；
2. 具备"计划"意识。

学习任务

主要了解进度管理的概念、目的和任务，掌握进度管理的措施，工程进度任务分解方法及如何实现工程进度在线编排。

建议学时

4 学时

思维导图

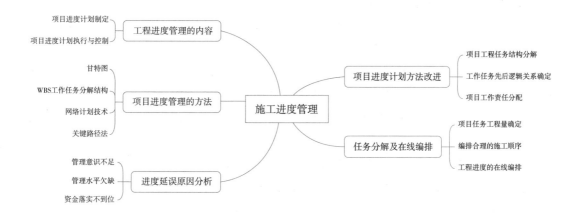

任务 4.1.1　认识工程进度管理

 【任务引入】

在建筑工程管理的各项内容中，进度管理属于不可或缺的一部分，合理的进度管理对于打造高品质工程项目、提高企业经济效益、优化企业形象均有重要作用。然而，建筑工程进度管理的干扰因素较多，易出现管理失控的局面。作为管理人员，必须意识到进度管理的重要性，熟知进度管理的概念、目的、任务、管理措施及程序，辨识存在的问题，保证进度管理的效果。

 【知识与技能】

1. 建筑工程项目进度管理的概念

（1）进度

进度通常是指项目实施结果的进展状况。建筑工程项目进度是一个综合的概念，除工期以外，还可以用工程量、资源消耗等来衡量。影响工程进度的因素也是多方面的、综合性的，包括人为因素、技术因素、材料设备因素、资金因素、水文地质气象因素、社会环境因素等。

建筑工程项目进度管理的概念

（2）进度指标

按照一般的理解，工程进度表达的是项目实施结果的进展状况，应该以项目任务的完成情况，如工程的数量来表达。但由于工程项目对象系统是复杂的，通常很难选定一个恰当的、统一的指标来全面反映工程的进度。人们将工程项目任务、工期、成本有机结合起来，目前应用较多的是如下四种指标：

1）持续时间。项目与工程活动的持续时间是进度的重要指标之一。一般情况下，开始阶段投入资源少、工作配合不熟练，进而施工效率低；中期投入资源多、工作配合协调，效率最高；而后期工作面小，投入资源较少，施工效率也较低。只有在施工效率和计划效率完全相同时，工期消耗才能真正代表进度，通常使用这一指标与完成的实物量、已完工程的价值量或者资源消耗等指标结合起来对项目进展状况进行分析。

2）完成的实物量。用完成的实物量表示进度。例如，设计工程按资料完成量；混凝土工程按完成的体积计量，设备安装工程按完成的吨位计量；管线、道路工程用长度计量等。完成的实物量适用于描述单一任务的专项工程，如道路、土方工程等，但其统一性较差，不适合用来描述综合性、复杂工程的进度，如分部工程、分项工程进度。

3）已完工程的价值量。已完工程的价值量是指已完成的工作量与相应合同价格或预算价格的乘积。它将各种不同性质的工程量从价值形态上统一起来，可方便地将不同分项工程统一起来，能够较好地反映由多种不同性质工作所组成的复杂、综合性工程的进度状况。

4）资源消耗指标。常见的资源消耗指标有工时、机械台班、成本等。资源消耗指标具有统一性和较好的可比性。各种项目均可用它们作为衡量进度的指标，便于统一分析尺度。在实际应用中，常常将资源消耗指标与工期指标结合起来，分析进度是否实质性拖延及成本超支。

（3）进度管理

进度管理是指根据进度总目标及资源优化配置的原则，对工程项目各建设阶段的工作内容和程序、持续时间和衔接关系编制计划并付诸实施，而后在进度计划的实施过程中经常检查实际进度是否按计划要求进行，如有偏差，则分析产生偏差的原因，采取补救措施或调整、修改原计划，再按新计划实施，如此动态循环，直到工程竣工交付使用。进度管理的总目标是确保建设项目按预定的时间交工或提前交付使用。

2. 建筑工程项目进度管理的目的和任务

建筑工程项目进度管理的目的是通过控制实现工程的进度目标。通过进度计划控制，可以有效地保证进度计划的落实与执行，减少各单位和部门之间的相互干扰，确保建筑工程项目的工期目标以及质量、成本目标的实现。

建筑工程项目进度管理的目的和任务

建筑工程项目进度管理是项目施工的重点控制内容之一，它是保证施工项目按期完成，合理安排资源供应，节约工程成本的重要措施。建筑工程项目不同的参与方都有各自的进度控制任务，但都应该围绕着投资者早日发挥投资效益的总目标去展开。工程项目不同参与方的进度管理任务见表4-1-1。

工程项目参与方的进度管理任务   表 4-1-1

参与方名称	任务	进度涉及时段
业主方	控制整个项目实施阶段的进度	设计准备阶段、设计阶段、施工阶段、物资采购阶段、动用前准备阶段
设计方	根据设计任务委托合同控制设计进度，并能满足施工、招投标、物资采购进度协调	设计阶段
施工方	根据施工任务委托合同控制施工进度	施工阶段
供货方	根据供货合同控制供货进度	物资采购阶段

3. 建筑工程项目进度管理措施

建筑工程项目进度控制采取的主要措施有组织措施、管理措施、经济措施、技术措施等。

（1）组织措施

组织是目标能否实现的决定性因素，为实现项目的进度目标，应充分重视健全项目管理的组织体系。进度控制工作任务和相应的管理职能应在项目管理组织设计的任务分工表和管理职能分工表中标示并落实。进度控制的组织措施包括以下几个方面：

1）建立进度控制目标体系，明确工程现场监理机构进度控制人员及其职责分工。

2）建立工程进度报告制度及进度信息沟通网络。

3）建立进度计划审核制度和进度计划实施中的检查分析制度。

4）建立进度协调会议制度，包括协调会议举行的时间、地点、参加人员等。

5）建立图纸审查、工程变更和设计变更制度。

（2）管理措施

管理措施涉及管理的思想、管理的方法、管理的手段、承发包模式、合同管理和风险管理等。在理顺组织的前提下，科学和严谨的管理显得十分重要。进度控制的管理措施包括以下几个方面：

1）科学地使用工程网络计划对进度计划进行分析。通过工程网络的计算可以发现关键工作和关键线路，也可以知道非关键工作可使用的时差，工程网络计划有利于实现进度控制的科学化。

2）选择合理的承发包模式。建设项目的承发包模式直接关系到工程实施的组织和协调，为实现进度目标，应选择合理的合同结构，包括：EPC 模式、DB 模式、施工联合体模式等。

3）加强风险管理。为实现进度目标，不但应进行进度控制，还应分析影响工程进度的风险，应对工程项目风险进行全面的识别、分析和量化，在此基础上采取风险管理措施，以减少进度失控的风险量。

4）重视信息技术在进度控制中的应用。信息技术包括相应的软件、局域网、互联网以及数据处理设备，信息技术的应用有利于提高进度信息处理的效率、有利于提高进度

建筑工程项目
进度管理措施

信息的透明度，而且还可以促进进度信息的交流和项目各参与方的协同工作。

（3）经济措施

建设工程项目进度控制的经济措施涉及资金需求计划、资金供应的条件和经济激励措施等。进度控制的经济措施包括以下几个方面：

1）资源需求计划。为确保进度目标的实现，应编制与进度计划相适应的资源需求计划（资源进度计划），包括资金需求计划和其他资源（人力、材料和机械等资源）需求计划，以反映工程实施各时段所需要的资源。

2）落实实现进度目标的保证资金。在工程预算中应考虑加快工程进度所需要的资金，其中包括为实现进度目标将要采取的经济激励措施所需要的费用。

3）签订并实施关于工期和进度的经济承包责任制。

4）调动积极性，建立并实施关于工期和进度的奖罚制度。

5）加强索赔管理。

（4）技术措施

建设工程项目进度控制的技术措施涉及对实现进度目标有利的设计技术和施工技术的选用。不同的设计理念、设计技术路线、设计方案会对工程进度产生不同的影响，在设计工作的前期，特别是在设计方案评审和选用时，应对设计技术与工程进度的关系作分析比较。在工程进度受阻时，应分析是否存在设计技术的影响因素，为实现进度目标有无设计变更的可能性。

施工方案对工程进度有直接的影响，在决策选用时，不仅应分析技术的先进性和经济合理性，还应考虑其对进度的影响。在工程进度受阻时，应分析是否存在施工技术的影响因素，为实现进度目标有无改变施工技术、施工方法和施工机械的可能性。

4. 建筑工程项目进度管理程序

建筑工程项目经理部应按下列程序进行进度管理：

1）制订进度计划。

2）进行进度计划交底，落实责任。

建筑工程项目
进度管理程序

3）实施进度计划，在实施中进行跟踪检查，对存在的问题分析原因并纠正偏差，必要时对进度计划进行调整。

4）编制进度报告，报送管理部门。

这个程序就是我们通常所说的 PDCA 管理循环过程。因此，建筑工程项目进度管理的程序，与所有管理的程序基本上都是一样的。通过 PDCA 循环，可不断提高进度管理水平，确保最终目标实现。

【任务实施】

进度管理作为项目管理的重要一环，合理的进度管理有助于降低工程费用，请通过文献的查阅，总结自己的看法，用自己的语言，描述如何进行合理的进度管理。

【学习小结】

本任务主要对进度管理的概念、目的、任务、管理措施及程序做了详细的介绍。

任务 4.1.2　工程进度任务分解及在线编排

【任务引入】

在工程建设中，进度管理一直是工程管理的重要目标之一，如何确保工程建设能够在指定期限内顺利完成，也已成为工程参建单位非常关心的课题，任务分解和工程进度的在线编排，作为进度管理的重要一环，其重要性不言而喻。

【知识与技能】

1. 项目进度计划的任务分解（WBS）

为了防止项目建设过程中出现工序混乱、工序衔接脱节等问题，理清项目建设过程中各个工序的逻辑关系，按照项目规划要求，对项目建设工作做出细化分解，以便项目管理人员能够更好地对项目实现监督和控制。按照先准备，后开工；先地下，后地上；先主体，后围护；先结构，后装饰；先土建，后设备的施工顺序，先进行地下施工，然后地上主体部分施工，主体施

项目进度计划的
任务分解
（WBS）

工完成之后进行装饰装修施工，然后进行市政园林绿化施工，并要求各参建单位按照先进性、可行性、经济性兼顾的原则，相互配合支持，并由业主总包单位全盘进行统筹协调。WBS 的设置原则包括以下几点：

（1）项目任务分解图的层次不能太多，以四层到六层为宜；

（2）任务分解后得到的各个工序能够保证项目内容的完整性；

（3）任务分解应该区分各个工序的责任者，避免出现问题时，产生互相推诿的现象；

（4）任务分解应尽可能地方便项目管理人员的工作。

结合工程项目进度任务分解原则可将项目工作关系大致分解，如图 4-1-1 所示。

WBS 技术把整个项目细化，分解为各个任务各项工作，细致化的项目任务分解，能够为后续工作提供依据。同时尽可能细化的分工，也为项目进度管理留有余地，为工期估算提供更多可回旋空间。有利于从整体把握项目，为项目的顺利完成奠定基础。

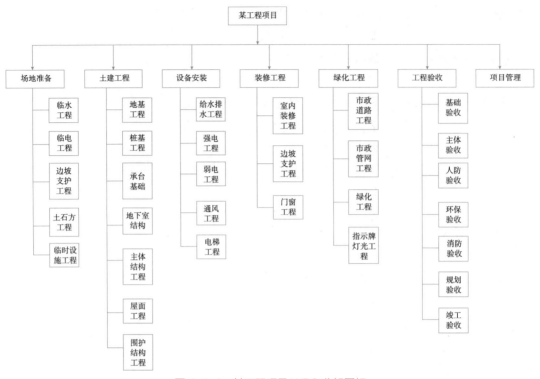

图 4-1-1　某工程项目 WBS 分解图标

2. 项目工作责任分配

　　为了更好地将项目工程的责任落实到位，确保项目管理人员能够更好地掌握各项部门、个人的职责范围，促进项目管理者能够在项目建设过程中高效地做好项目管理的沟通协调工作。依照部分职责以及 WBS 工作任务分解，工程项目的工作责任分配见表 4-1-2。

项目工作责任分配

工程项目工作责任分配　　　　　　　　　　　　表 4-1-2

工作代码	工程任务名称	项目经理	监理单位	设计单位	勘察单位	安全组	资料实验组
A	场地准备	★	■	△	△	◎	◎
B	地基工程	★	■	△	△	◎	◎
C	桩基工程	★	■	△	△	◎	◎
D	承台工程	★	■	△	△	◎	◎
E	地下室结构	★	■	△	△	◎	◎
F	基础验收	◎	◎	◎	△	△	◎
G	主体结构	★	■	△	△	◎	◎
H	屋面工程	★	■	△	△	◎	◎
I	围护结构	★	■	△	△	◎	◎

续表

工作代码	工程任务名称	项目经理	监理单位	设计单位	勘察单位	安全组	资料实验组
J	主体验收	◎	◎	◎	△	△	◎
K	设备安装	★	■	△		◎	◎
L	装修工程	★	■	△	△	◎	◎
M	绿化工程	★	■	△	△	◎	◎
N	竣工验收	◎	◎		◎	△	◎

注：★——负责；◎——参与；■——监管；△——支持。

3. 编排合理的施工顺序

确定施工顺序是为了按照施工的技术规律和合理的组织关系，解决各工作项目之间在时间上的先后和搭接问题，以达到保证质量、安全施工、充分利用空间、争取时间、实现合理安排工期的目的。

编排合理的施工顺序

一般来说，施工顺序受施工工艺和施工组织两方面的制约。当施工方案确定之后，工作项目之间的工艺关系也就随之确定。如果违背这种关系，将无法施工，或者导致出现工程质量事故和安全事故，或者造成返工浪费。

4. 计算各施工过程的工程量

工程量的计算应根据施工图和工程量计算规则，针对所划分的每一个工作项目进行。当编制施工进度计划时已有预算文件，且工作项目的划分与施工进度计划一致时，可以直接套用施工预算的工程量，不必重新计算。若某些项目有出入，但出入不大时，应结合工程的实际情况进行某些必要的调整。

计算各施工过程的工程量

5. 确定工程项目的持续时间

施工项目工作持续时间的计算方法一般包括三时估计法、定额计算法和倒排计划法等。

确定工程项目的持续时间

（1）三时估计法。三时估计法就是根据过去的经验进行估计，一般适用于采用新工艺、新技术、新结构、新材料等无定额可循的工程，先估计出完成该施工项目的最乐观时间（A）、最悲观时间（B）和最可能时间（C）三种施工时间，然后确定该施工项目的工作持续时间：

$$T=(A+4C+B)/6$$

（2）定额计算法。定额计算法就是根据施工项目需要的劳动量或机械台班量，以及配备的劳动人数或机械台班，来确定其工作持续时间：

$$T=\frac{P}{R-B}$$

式中　T——完成施工项目所需要的时间，即持续时间（天）；

　　　P——该施工项目所需的劳动量（工日）；

　　　R——每天安排的施工班组人数或施工机械台班数（人或台）；

　　　B——每天采用的工作班制。

在确定施工班组人数时，应考虑最小劳动组合、最小工作面和可能安排的施工人数等因素。其中最小劳动组合即某一施工过程进行正常施工所必需的最低限度的班组人数及其合理组合；最小工作面及施工班组为保证安全生产和有效的操作所必需的工作面；可能安排的施工人数即施工单位所能配备的人数。

（3）倒排计划法。倒排计划法是根据流水施工方式及总工期要求，先确定施工时间和工作班制，再确定施工班组人数或机械台班。根据 $R=P/(T \cdot B)$，如果计算出的施工人数或机械台班对施工项目来说过多或过少，应根据施工现场条件、施工工作面大小、最小劳动组合、可能得到的人数和机械等因素合理调整。如果工期太紧，施工时间不能延长，则可考虑组织多班组、多班制的施工。

6. 工程进度的在线编排

以某高层项目为例，通过以上持续时间的计算原理及基本原则，确定某双子楼施工中各项工序的先后逻辑顺序及持续时间，详见表 4-1-3。

工程进度的
在线编排

某高层项目工作作业持续时间及工作逻辑顺序表　　表 4-1-3

序号	项目编码	工程名称	持续时间（天）	紧前工作	备注
1	A1	场地准备	1		
2	B	土方开挖	59		
3	B1	A 塔楼区域	29		
4	B2	B 塔楼区域	29		
5	B3	C 塔楼区域	24		
6	B4	裙房	24		
7	B5	地库	19		
8	C	地下室结构	332		
9	C1	A 塔楼	91	B1	
10	C2	B 塔楼	96	B2	
11	C3	C 塔楼	91	B3	
12	C4	裙房	122	B4	
13	C5	地库	147	B5	
14	C6	二次结构	119		
15	C7	基础验收	1	C6	

续表

序号	项目编码	工程名称	持续时间（天）	紧前工作	备注
16	D	主体结构	379		
17	D1	A 塔楼	289	C1	
18	D2	B 塔楼	369	C2	
19	D3	C 塔楼	259	C3	
20	D4	裙房	270	C4	
21	D5	刚连廊	60	C3	
22	D6	二次结构 –A	199	与主体结束时间一致	
23	D7	二次结构 –B	249	与主体结束时间一致	
24	D8	二次结构 –C	199	与主体结束时间一致	
25	D9	二次结构 – 裙房	59	与主体结束时间一致	
26	E	屋面工程	119	C1、C2、C3	
27	F	幕墙工程	270		

完成了该工程每项工作的前后顺序和持续时间，暂定开工日期为 2022 年 6 月 6 日，我们就可以利用智能建造 BIM 综合管理平台来实现工程进度的在线编排。

首先，我们打开平台，点击"进度管理"功能按钮，如图 4-1-2 所示。

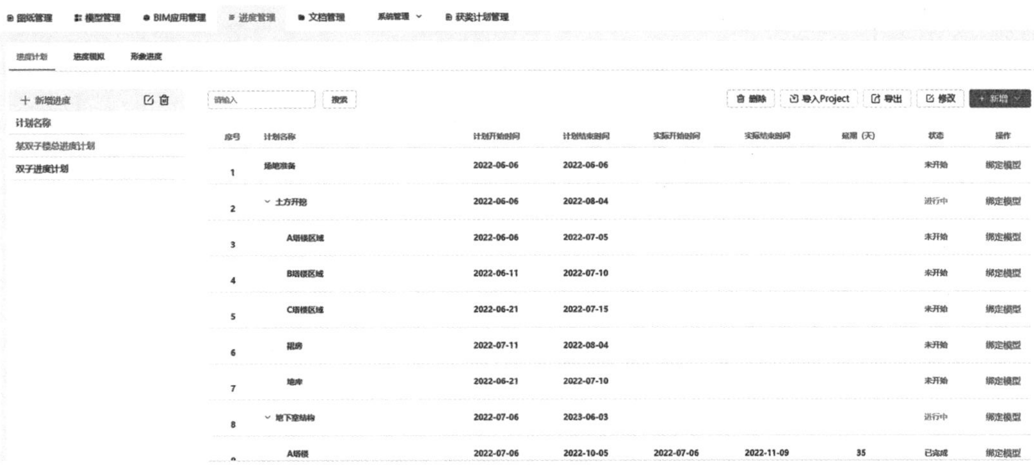

图 4-1-2 进度管理功能区

点击左上角"新增进度"按钮，弹出"新增计划"对话框，可以在对话框中输入所要编排的进度计划名称。

点击"确认"按钮，进入工程进度计划编制区域。点击右上角"新增"按钮，出现下拉对话框如图 4-1-3 所示，点击"新增计划"按钮，出现"新增计划"对话框，

序号	计划名称	计划开始时间	计划结束时间	实际开始时间	实际结束时间	延期 (天)	状态	操作
1	场地准备	2022-06-06	2022-06-06				未开始	绑定模型
2	土方开挖	2022-06-06	2022-08-04				未开始	绑定模型
3	地下室结构	2022-07-06	2023-06-03				未开始	绑定模型
4	主体结构	2022-10-06	2023-10-20				未开始	绑定模型
5	屋面工程	2023-06-23	2023-10-20				未开始	绑定模型
6	幕墙工程	2023-05-24	2024-02-18				未开始	绑定模型

图 4-1-3　分部工程进度计划

根据工程信息在对话框中输入分部工程名称、计划开始时间与计划结束时间，完成后如图 4-1-4 所示。

图 4-1-4　"新增计划"定义对话框

　　分部工程进度计划完成以后，我们可以根据施工段的划分，进一步细化进度计划。例如土方工程分为：A 塔楼区域、B 塔楼区域、C 塔楼区域，裙房、地库。在进度计划中选择第二条"土方开挖"，点击"新增"按钮，弹出下拉对话框，选择"新增下级"按钮，弹出"新增子计划"对话框，在计划名称中输入"A 塔楼区域"，并输入其计划开始时间与计划结束时间。依次完成 A 塔楼区域、B 塔楼区域、C 塔楼区域、裙房、地库的进度设置，再完善其他分部工程，就可以得到最终的进度计划，如图 4-1-5 所示。

序号	计划名称	计划开始时间	计划结束时间	实际开始时间	实际结束时间	延期 (天)	状态	操作
1	场地准备	2022-06-06	2022-06-06				未开始	绑定模型
2	〉土方开挖	2022-06-06	2022-08-04				进行中	绑定模型
8	〉地下室结构	2022-07-06	2023-06-03				进行中	绑定模型
16	〉主体结构	2022-10-06	2023-10-20				进行中	绑定模型
21	屋面工程	2023-06-23	2023-10-20				未开始	绑定模型
22	幕墙工程	2023-05-24	2024-02-18				未开始	绑定模型

图 4-1-5　某高层项目总进度计划

【任务实施】

　　通过文献资料以及项目资料的查阅，用自己的语言简要阐述任务分解的原则以及使用项目管理平台进行工程进度计划在线编排的注意要点。

【学习小结】

本任务主要对工程进度任务分解、施工顺序的确定、持续时间的确定以及利用项目管理平台进行在线进度计划编排进行了简要描述。

知识拓展

（1）缩短工程项目周期的方法和途径

缩短工期，计划先行，一套严密的施工总体计划和施工进度表在施工前需要做出来，施工方案是项目实施前对项目整体的部署。施工方案主要包括主要施工方法、资源配置计划、劳动力部署、施工总平面布局、工艺流程、工程项目质量保证措施、工程项目安全保证措施、工程项目施工进度表。有效地开展以上措施可以确保项目进度按计划完成甚至缩短项目进程。

项目进度管理的意义

（2）规范化、标准化管理的需求

房地产项目具有开发周期长、投资量大、相关行业众多、受内外部环境影响因素比较大等特点。要想实现规范化、标准化的管理，需要项目管理方法来实现有效的协调。随着建设规模的扩大、周期变长，应定期检查管理进度。

（3）多项目运作的需求

多项目同时作业，需要有效的项目监测作为手段支持，项目计划管理体系是房地产业资源整合、多项目按计划完成的有力保证。

（4）为投资实体带来新的经济效益

房地产企业的净资产回报率主要取决于销售利润率、资产周转率和资金利息。在市场竞争白热化的今天，建设项目能够越早投入市场，就能够更快地抓住商机，资金回笼越快。而项目开发速度决定了项目的资金回笼速度，由于项目早日投入使用而降低了资金成本，同时运营后的固定资产折旧成本也降低了，从而从根源上缩短了项目的投资回收期，目前流行的高周转即是这个道理。

习题与思考

一、填空题

1. 进度指标有_____、_____、_____、_____四种。

2. 建筑工程项目进度控制采取的主要措施有_____、_____、_____、_____等。

习题参考答案

3. 施工项目工作持续时间的计算方法一般包括_____、_____、_____等。

二、简答题

1. 建筑工程项目进度管理的程序是什么?

2. 项目进度计划的任务分解原则是什么?

3. 如何确定工程合理的施工顺序?

三、讨论题

同学们分组讨论工程进度管理的意义及如何做好工程进度管理?

项目 4.2　工程进度预警与纠正

教学目标

一、知识目标

1. 了解基于项目管理平台的自动预警方法；
2. 掌握进度计划的编制与动态调整。

二、能力目标

1. 能设置工程进度的自动预警；
2. 能进行工程进度的可视化展示；
3. 能进行工程进度偏差纠正。

三、素养目标

1. 具有良好的大局观，统一协调能力；
2. 具备处理突发事件的能力；
3. 培养计划意识。

学习任务

主要了解如何实现工程进度自动预警和可视化展示，掌握工程进度偏差纠正。

建议学时

4 学时

思维导图 ⛓

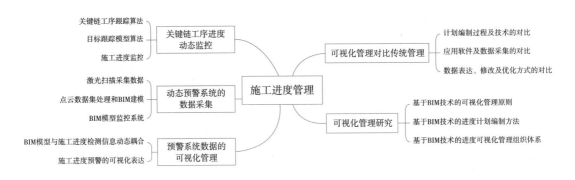

任务 4.2.1 工程进度自动预警

🛒 【任务引入】

工程项目进度往往容易出现失控、工序优化不够、进度控制精度不高、无法有效指导施工等问题。必须结合工程需求，开展基于 BIM 综合管理平台的项目施工进度动态预警研究，从而提高项目施工进度管理的效率以及科学管理水平。

🛒 【知识与技能】

1. 基于 BIM 综合管理平台的工程进度动态预警模型

在工程施工活动的进度管理过程中，对施工计划方案的关键链工序进行识别与分析后，需要对制定出的具体施工进度控制措施进行逐一分析并落实。但是，很多施工过程中，很多制度措施并非一成不变，有必要实时掌握每个关键链工序的状态并采取相应的应对措施。因此，面向工程施工的关键链工序动态预警问题包含两层含义：第一层是识别好关键链工序以监控具体工序

工程进度动态预
警模型

的进度变化情况；第二层是在进度变化情况超过原有计划变动范围限值的情况下进行进度预警。

基于 BIM 综合管理平台的工程关键链工序动态预警模型架构，其不仅要考虑施工前关键链工序的行为控制，还要考虑施工中关键链工序的动态预警，是一个动态的系统化管控过程。具体管控流程如下：

（1）工程项目关键链工序的动态管控

对关键链工序相关数据的动态搜集是施工进度管控的首要条件，可以实时对比关键

链工序实际进度，以实现对关键链工序的动态监控；例如利用 BIM 综合管理平台形象进度功能，如图 4-2-1 所示，将相关数据动态集成至工程项目 BIM 综合管理平台系统中，便于后期实时监控关键链工序的施工进度并对进度问题进行有效预警。

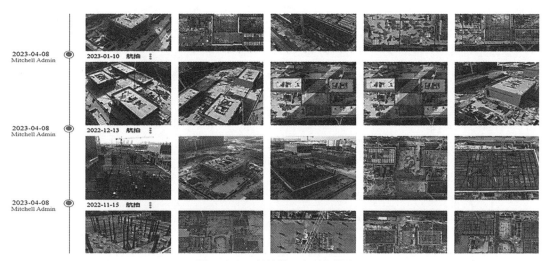

图 4-2-1 关键链工序形象进度

（2）工程项目关键链工序的动态预警

当个别因素导致关键链工序缓冲区时间大于预设的阈值时，为避免延误整体工程进度，需要通过 BIM 技术对后续工序进行可视化模拟检测，并基于 BIM 系统对将延误的关键链工序进行可视化预警，如图 4-2-2 所示。确保整体施工进度计划的可行性和合理性。

图 4-2-2 关键链工序可视化预警

工程项目关键链工序动态预警的关键因素在于关键链工序的动态跟踪，即在实时收集并准确掌握工序进度信息的前提下，提前预警管理人员，以在最短的时间内采取应对措施，尽量把损失降到最低。图 4-2-3 中的工程项目关键链工序动态预警方法使工程关键链工序始终处于监测与预警的状态，从而实现工程项目进度计划的可视化动态监控。

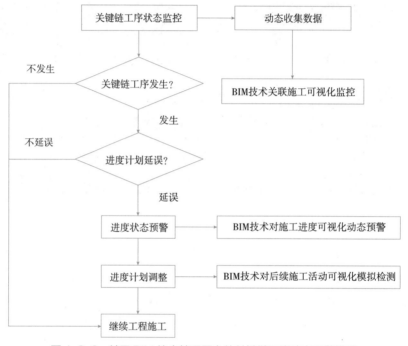

图 4-2-3　基于 BIM 综合管理平台的关键链工序动态预警模型

2. 工程项目关键链工序进度动态监控

基于 BIM 综合管理平台的动态进度预警管理以 BIM 模型为基础进行进度监控，利用 BIM 模型指导施工，因此对模型的精度和监控数据的精确性提出了更高的要求。在项目施工过程中，进度信息时刻都在发生变化，进度监控也需要时效性更强的数据采集。现阶段，随着视频监控技术的飞速发展，视频监控技术已广泛应用至施工现场，通过监控视频可动态了解施工进度、秩序、安全性等方面，其中目标跟踪是视频分析的重要组成部分。

进度动态监控

3. 基于 BIM 综合管理平台的工程项目施工进度预警方法

进度预警管理的手段是对缓冲区进行监控并建立缓冲区与各工序的关系，根据实际执行过程中所消耗的缓冲量，按照施工过程相关活动风险权重因子，将缓冲区依次分配给未完成的活动；并动态调整与设置下一监控时点缓冲消

施工进度预警
方法

耗的监控基准点；在剩余缓冲再分配时，不考虑其对总工期不确定性的影响。通过调整各监控时点缓冲监控量和监控基准点，既考虑了内部各活动对于项目不同程度的影响，也融入了关键链中风险共担的原则。

然而，目前进度过程的数据监测主要采用统计学方法，时间和人力成本较高；且由于复杂的现场环境，进度数据的偏差和滞后常有发生。为此，基于关键链的工序活动完成度，结合工程现场情况，选择相应的策略对缓冲区消耗情况分析，并通过将固定监控、动态监控进行有效融合的方式，对监控点进行设置和完善。

在实际项目中，可以根据关键链工序活动的完成情况结合项目的组织结构来设置监控点。施工企业是建筑业分布普遍的群体，BIM 技术给施工企业带来了很大的变革。管理者以模型为基础，并基于管理系统进行文档、图片和视频文件的提交、审核、审批及利用，通过网络协同工作，进行工程洽谈、协调，最终实现多参与方的协同管理和信息共享。

（1）关键链上的工序活动监控点设置

随着信息技术、可视化技术在建筑业的日渐普及，自动化数据采集技术可以很好地与 BIM 技术融合，以满足工程项目施工进度预警需求。结合 BIM 可视化技术和自动化监测技术，提出以下的监控策略：

1）对进度计划中里程碑关键事件的完成时间进行监控；

2）对项目工序活动中断事件或者新加入的活动事件进行监控；

3）对在项目延迟后项目进度计划调整的必要措施进行监控；

4）对于不同周期的项目，设置一个定期监控频率，即在一个固定时间段后对项目进展状态进行监控。

5）通过对影响项目进展的多类因素进行统计学分析，由行业专家或项目经理人为地对可能产生的风险事件或不确定事件进行监控。

（2）预警管理

预警阈值设置策略可通过监控点上缓冲消耗量与触发点的比较来实现，通过将固定监控、动态监控与 BIM 模型进行有效融合的方式，对监控点进行设置和完善，并利用 BIM 可视化技术对相关结果进行展示。针对固定监控而言，其主要涵盖两部分，即固定周期监控点、项目里程碑节点；针对动态监控来讲，其属于对突发状况以及对工期影响较大的事件进行动态加入或删除。

对各项目进度情况的预警、报警。基于对各专业进度指标数据的集中管理及统筹运算分析，将各施工单位的计划工作总量、计划工期、当前已完成工作总量、当前实际工期等各项进度、成本数据进行汇总，结合工程建设净值分析等管理方法，实现对各项目工期推进情况的预警及报警提醒。帮助建设管理人员，从全局更直观地及时掌握各项目工期进度情况，在及时发现项目推进隐患、分析全线路工期进展问题、有序调度各项目工作协同推进等诸多事项，提供智能辅助支撑。

【任务实施】

1.利用基于 BIM 综合管理平台的关键链工序动态预警模型完成关键链工序的动态预警。

2.详细描述基于 BIM 综合管理平台的工程项目施工进度预警方法。

【学习小结】

本任务主要对基于 BIM 综合管理平台的关键链工序动态预警模型、工程项目施工进度预警方法以及关键链工序动态监控三个方面进行了详细介绍。

任务 4.2.2　工程进度可视化展示

【任务导入】

在项目施工过程中，使用 BIM+ 项目综合管理平台可以实时掌握项目施工进度，通过查看统计报表中的详细数据，可了解项目施工过程中出现的各种问题，再对问题进行分析总结并采取针对性解决方案，可以有效提高项目的施工质量，加快施工进度。

【知识与技能】

1. 可视化进度管理的概念

可视化进度管理是利用科技手段和方法对工程项目进行可视化呈现，并通过导入工程项目工期时间维度，来实现整体工程项目进度管理的可视化，如图 4-2-4 所示。通过工程项目进度管理的可视化操作，可以使工程项目进度变得更加直观和形象，并通过模型的工程模拟和跟踪提前发现工程进度

可视化进度管理的概念

计划中存在的问题，以规避掉许多因工程计划不合理带来的损失。通过对工程项目进行信息追踪，可以避免传统进度管理中由于调整工程计划的出图慢而造成的工程损失。

BIM 技术可以实现对项目的技术建模，对项目进程的可视化管理，并且可实现项目全过程的数据共享。Jane Matthews，Peter 在 BIM 模型流程再造研究中曾指出，BIM 技术在实现工程动态监控管理的过程中，是以各个子项目的各项施工数字信息作为建模的基础，通过将数字信息进行高度整合来模拟项目施工的整体情况，同时结合各个专业的不同专业技术来提高工程专业和技术的融合性。BIM 技术具有显著的管理过程可视性、不

项目进度管理是重点也是难点，利用BIM技术建立模型，对单体进度计划进行动态可调整的4D施工进度模拟（包含总体进展、各区段进展及各队伍的进展模拟），精心策划推演形象的展示施工进度和各专业之间协调关系，辅助确定合理的施工方案、人员、设备配置方案等，做好施工部署，确定进度计划。

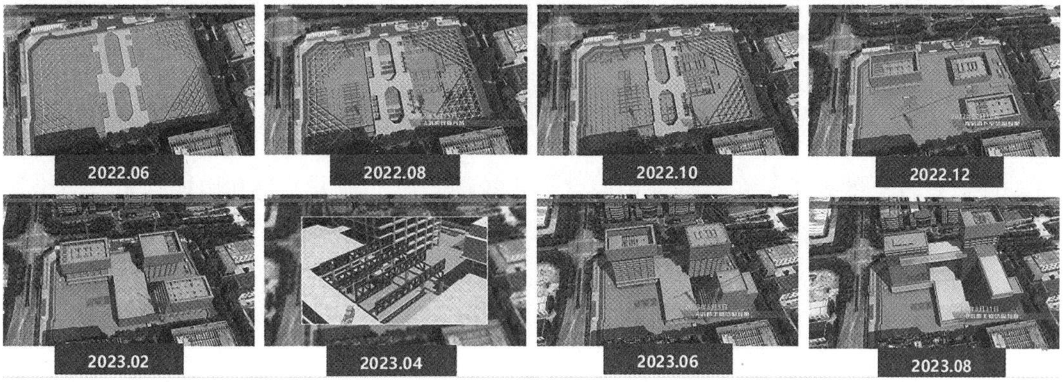

图 4-2-4　工程进度的可视化展示

同专业间高度协调性、施工过程可模拟性等特点。

我国对于 BIM 技术的研究从早期的学习理论知识并且研究技术标准、国外 BIM 的标准这两个阶段开始；早期摸索阶段是对于 BIM 技术和软件等工具的学习；将 BIM 技术引入实际建造项目中为高速发展与推广阶段；提出如"BIM ＋技术"探究等 BIM 技术的延伸为最后一个阶段。目前我国 BIM 技术就处在后两个阶段，随着建造工程项目的管理水平和技术的革新，各项目需要更精确地把控项目进程、时间节点等指标，所以应大力支持与发展 BIM 技术。

BIM 技术具备的信息高度集成化特点，能够让项目管理者在整个项目周期中全程参与各个子项目的过程管理以及信息共享和资源交流。BIM 技术将项目施工的所有信息进行数字化转化，然后将信息传递至每一个项目管理者手中，为各个子项目之间的信息传递提供了可靠的保障，更有利于项目管理者全程把控和了解项目。

2. 可视化进度管理的原则

在基于 BIM 技术的进度可视化管理中，BIM 模型是编制进度计划的重要基础，因此必须要确保模型精细化，应由专人对模型的精度等级进行全程维护，并建立标准化的模型元素库，这也是进度可视化管理工作中的一大核心原则。此外，在 BIM 技术的进度管理工作中，BIM 在构件划分方面和进度控制可行性与编制计划的准确度有着密切的关系，因此在进行构件划分时，需要对现有的规范标准进行充分考虑，应确保进度计划中的构件属性能够和实际进度中的构件属性相符。除此之外，基于 BIM 技术的进度可视化管理还应遵循全员参与原则，在以往的进度管理模式中，需要对进度计划进行分层审批，并按照阶段进行进度控制。而 BIM 技术则是通过协作参与的方式来进行进度管理的，这需要参建各方能够全部参与到 BIM 平台的进度管理当中，以确保项目能够按期完成。

可视化进度管理的原则

3. 可视化进度管理的计划控制

基于 BIM 技术的进度可视化管理中的计划控制，主要是通过两种方式来实现的：第一种方式是通过原进度模型和实时模型之间的比较来进行计划控制，其通过对已建建筑所具备的三维坐标数据进行采集，以构建和实际建筑相同的模型，并对项目的进度数据进行动态采集来构建模型，在该方式中以三维激光扫描技术最为常用，这种技术的工作原理为点云实景复制，不过该方法对环境有较高的要求，在数据处理速度上比较慢。第二种方式是利用视频录制或全景相机扫描的方式来对现场数据进行采集，然后将现场状况和进度模型进行比较，以达到计划控制的目的。不过该方法难以对施工现场的全部状况进行全面记录，因此难以和进度模型进行全面对比。

可视化进度管理的
计划控制

4. 可视化模拟

可视化模拟是将施工进度计划写入 BIM 信息模型后，将空间信息与实践信息整合在一个可视的 4D 模型中，就可以直观、精确地反映整个建筑的施工过程。集成全专业资源信息用静态与动态结合的方式展现项目的节点工况。

可视化模拟

以智能建造 BIM 综合管理平台为例，同样在"进度管理"模块中，进度计划已经编排完成，如图 4-2-5 所示。

序号	计划名称	计划开始时间	计划结束时间	实际开始时间	实际结束时间	延期（天）	状态	操作
1	∨ 组团四地上部分施工	2023-03-13	2023-08-08				进行中	绑定模型
2	∨ 组团四1-B#楼上部主体结构施工	2023-03-13	2023-05-02				进行中	绑定模型
3	九层墙柱、十层楼面	2023-03-13	2023-03-25				未开始	绑定模型
4	十层墙柱、十一层楼面	2023-03-24	2023-04-02				未开始	绑定模型
5	十一层墙柱、十二层楼面	2023-04-03	2023-04-10				未开始	绑定模型
6	十二层墙柱、十三层楼面	2023-04-11	2023-04-18				未开始	绑定模型
7	十三层墙柱、机房层楼面（结构封顶）	2023-04-19	2023-04-25				未开始	绑定模型
8	屋顶层结构施工	2023-04-26	2023-05-02				未开始	绑定模型
9	∨ 组团四1-A#楼上部主体结构施工	2023-03-13	2023-08-08				进行中	绑定模型

图 4-2-5 "进度管理"模块

要使进度计划与 BIM 模型产生联系，就必须要将进度计划中每项工作都有序地同模型进行绑定。如图 4-2-5 所示，选择进度计划中"九层墙柱、十层楼面"这项工作，点击该工作最后"绑定模型"按钮，弹出"绑定模型"对话框，如图 4-2-6 所示，并点击对话框左上角"选择模型"，在下拉菜单中选择对应的模型。

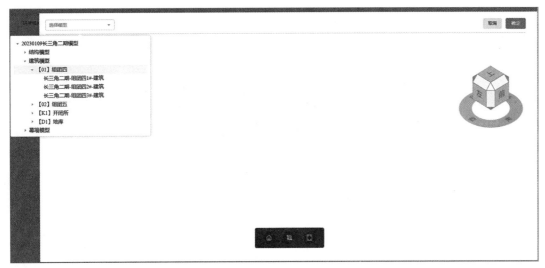

图 4-2-6 "绑定模型"对话框

选中模型后，可以用鼠标左键选择"九层墙柱、十层楼面"对应的模型，被选中的模型会变换颜色，如图 4-2-7 所示，完成以后，点击确认按钮。

图 4-2-7 模型中对应构件的选择

依次将进度计划中每项工作与对应的模型进行绑定，绑定完毕后，点击"进度模拟"功能按钮，如图 4-2-8 所示，加载完毕后，就可以点击图中的"播放按钮"，进行可视化模拟。

在 BIM 模型建立完成的基础上，通过导入施工数据，尤其是工期及进度数据的导入，可以使模型更加贴合实际工程，并在此基础上进行有效的施工模拟，进而提高工程进度管理的准确性和实际可操作性。

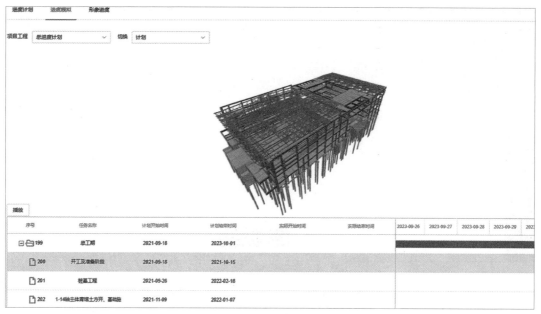

图 4-2-8　工程进度的可视化展示

【任务实施】

　　BIM 可视化技术在工程进度管理工作中的应用，无疑能够在很大程度上解决可视化不足的情况。请利用项目综合管理平台和 BIM 模型完成工程进度的可视化展示。

【学习小结】

　　可视化进度管理与传统的进度管理模式相比，有着明显的应用优势。本任务从可视化管理的概念、原则、计划控制以及可视化模拟四个方面进行了描述，为工程项目的数字化管理打下了基础。

任务 4.2.3　工程进度偏差纠正

【任务引入】

　　项目在具体实施过程中，与项目进度计划进行对比，分析项目实施进度与计划进度是否有偏差，根据偏差分析结果决定纠偏的方法和措施。具体而言，需要根据偏差特点和偏差对项目进度计划的影响程度决定。

1. 项目进度的偏差分析

进度计划偏差分析是在 BIM 模型施工模拟的基础上，对各个子任务的开始和结束时间进行预测和分析，并与初期的工期计划进行对比，如果出现了可能发生的冲突节点，便借助偏差分析工具进行分析，以及实时调整计划和配置资源。

项目进度的偏差分析

（1）基于模型的构件查询

根据项目整体的施工流程和子项目的工期安排，对整体项目的任务量进行细化和分解，并构建相应的合理化模型，确保分解之后的子任务与预定整体工期保持一一对应。通过点击和查看模型节点便可获得该子任务的施工进度情况以及实际工程完成时间与施工开始时间、计划完成时间、计划施工开始时间与实际的施工作业状态。

通过融入工期的时间维度，将施工项目的实际进度和计划进度模型进行对比分析，通过对某个具体作业任务的实际起止时间的输入，其对应的工程进度模型就会通过差异化的颜色来表示任务的实际进展情况和工程进行状态。以此，项目管理者便可实时获得项目工期的具体进展情况，实时对现场物资、人员等资源进行合理调配和协调，确保项目工期的达成。

（2）基于 4D 模型的施工模拟

在 BIM 模型的基础上对实际的工程动态进行模拟，并对进度计划的相关限制条件进行合理妥善的内在关联。以工程进度表为基础，妥善添加时间维度到模型的各个构件之中，如图 4-2-9 所示，来保证模型与工程实际进展情况相吻合，使工程施工流程与工期进展情况更为直观和形象。

在工程项目的实施期间，可视化 4D-BIM 模型的优势主要有以下几点：

1）可以使项目进度计划更为直观和形象，便于施工参与者查看和理解；

2）可视化模型模拟可以预先发现进度计划中存在的偏差与潜在风险并及时进行妥善处理和优化；

3）如果施工图和施工计划发生了变化，可视化模型可根据改变实时做出相应的调整；

序号	计划名称	计划开始时间	计划结束时间	实际开始时间	实际结束时间	滞期（天）	状态	操作
9	A#楼栋	2022-07-06	2022-10-05	2022-07-06	2022-11-09	35	已完成	绑定模型
10	B#楼栋	2022-07-11	2022-10-15				未开始	绑定模型
11	C#楼栋	2022-07-16	2022-10-15				未开始	绑定模型
12	消防	2022-08-05	2022-12-05				未开始	绑定模型
13	地库	2022-07-11	2022-12-05	2023-07-11	2023-12-14	374	已完成	绑定模型
14	二次结构	2023-02-04	2023-06-03				未开始	绑定模型
15	基础验收	2023-06-03	2023-06-03				未开始	绑定模型
16	主体结构	2022-10-06	2023-10-20				进行中	绑定模型

图 4-2-9　实际完成时间维度与模型绑定

4）在项目初期的评标期间，有利于参评人员对施工项目的具体计划、方案等进行全面了解和掌握，提高初步审核工作效率和精准度。

2. 工程进度的纠正

工程进度的纠正

进度计划调整是指当实际的工程施工进度与预期的工期进度计划存在差异时，项目相关方需要对工程计划进行调整。

通过对工程项目进行进度的偏差分析，可实时得到工程每个施工项目的时间和工期进度延误，如果项目施工的关键环节发生了延期，必须要使用有效的措施对进度进行调整，否则一定会造成总工期的延误。

（1）要保证人力资源充足。在原本的施工现场进场计划的基础上，通过合理调配增加施工工作人员的数量，通过增加施工作业人员来提高项目的作业进度。但是要注意的是，在增加进入现场的施工人员的同时，要注意维持现场的施工秩序，加强现场施工管理协调，避免出现混乱。所以，在这种情况下，在进行进度调整时需要分析工期计划、计划成本、资源三者的关系，协调采用最优的调整方案。

（2）对更新的工程信息进行重新关联。在确定工程项目的进度管理调整措施后，需要对有变化的数据进行更改并在模型中进行重新关联。我们通过使用 Project 软件将有变化的进度数据进行重新输入和调整。其他没有发生变更的数据不用重复性导入和进行关联操作。当所有的数据调整输入系统完毕之后，将所有的数据进行刷新操作，4D 项目进度管理模型就完成了数据更新，鉴于此，项目进度管理的工作效率就得到了大幅度的提升。

（3）再次进行施工模拟。在正式执行调整之后的项目进度管理计划之前，我们需要通过 BIM 综合管理平台对调整后的进度管理模型进行再一次的模拟实验，查验在这个过程中，物料供给、成本支出、工人安排等各方面的调整是否合理，以及更改后的项目施工计划是不是会出现新的问题。若模拟结果没有问题，就可以正式执行调整后的进度管理计划，并赶上最初的工期进度安排，最终实现合同工期目标。

3. 项目进度管理的辅助运用

项目进度管理的
辅助运用

进度辅助的应用是指在对施工项目进度管理进行相应的动态管理过程中，涉及的其他相关应用功能，如碰撞检查、施工模拟等，可以提高项目进度的管理效果。

（1）碰撞检查

在进行碰撞试验检查之前，首先要对碰撞类型进行划分，对碰撞检查的原则进行明确，避免因为专业繁杂而产生很多的无效碰撞点，以更好地节约分析时间。结合之前的 BIM 技术碰撞检查实践经验，假如信息交流不畅通，没有办法实现协同调整，就会出现新增的碰撞点，从而导致此项工作处于不停的循环当中。

基于 BIM 技术对项目进行进一步设计时，可充分发挥 BIM 模型的可参数化作用，得到最终的施工图后，在 CAD 二维环境中完成相应的标记，通过这样的方式完成全部施工图的设计与绘制工作，然后使用 BIM 模型附带的碰撞检测功能，将构件之间的空间关系做进一步的明确，并对有碰撞关系的不合理之处进行及时的调整。

（2）施工模拟

施工模拟，首先对工程项目进度计划中的子任务进行细化和分解，然后根据工程项目施工进度和施工次序逐一实施模拟，利用 Navisworks Management 的动态模拟演示，加强对关键环节的重视，根据施工顺序和时间的顺延，实现从无到有的动态展示。最后利用导出功能，以视频形式将施工的全过程予以展现，从而直观展示项目的施工过程。至此，项目进度实施模拟完成。

通过施工模拟，可以预先有效避免影响项目施工进度问题的出现。

 【任务实施】

（1）根据本任务描述，完成一个项目的进度偏差分析。

（2）利用项目管理综合平台，根据偏差分析结果，完成工程进度纠正。

 【学习小结】

对项目进度实施动态调整，采取压缩关键线路上活动持续时间，通过劳动力、劳工生产率、劳动工具的改变，提高效率，压缩工期，通过压缩工作持续时间来纠正偏差。

知识拓展

传统工程项目进度管理研究的理论较成熟，但是信息化工程项目不能对原有理论照搬照抄，在项目进度管理研究中，不拘泥于传统工程进度管理的方法，而是结合信息化工程项目进度管理影响因素，提出符合工程特点的进度管理技巧和方法。

信息化工程项目进度管理的方法与技术

（1）沟通制度。信息化工程对于信息的传递和沟通有着极为严格的要求，信息化工程许多节点、任务具有不可逆性，一旦沟通交流失败，会导致前期所有工作付诸东流。因此要在优化方案中提出项目进度管理保障措施——沟通制度。

（2）激励制度。结合信息化工程项目自身任务的枯燥性，激励制度需要奖惩并举。要重视团建的作用，定期组织员工外出游学、拓展训练等，加强成员交流，增强团队意识，从而提高积极性。

（3）交付物清单。由于信息化工程项目的产物不是实实在在的物体，将信息化工程具体化，在进度控制中提出例会跟进和交付物监督的方法。

（4）在项目进度偏差纠正中，把握关键路径是项目进度的关键，在关键路径上优化赶工，压缩工期。

习题与思考

一、填空题

1. 在基于 BIM 技术的进度可视化管理中，_____是编制进度计划的重要基础。

2. 进度辅助的应用是指在对施工项目进度管理进行相应的动态管理过程中，如果涉及其他相关的应用功能，如_____、_____等，可以提高项目进度的管理效果。

习题参考答案

3. 基于 BIM 综合管理平台的工程关键链工序动态预警模型架构，其不仅要考虑施工前关键链工序的_____，还要考虑施工中关键链工序的_____，是一个动态的系统化的管控过程。

二、简单题

1. 什么是可视化进度管理？

2. 可视化进度管理的原则有哪些？

3. 可视化进度管理的优势有哪些？

4. 关键链工序动态监控方法有哪些？

5. 工程进度的纠正措施有哪些？

6. 项目进度管理辅助运用方法有哪些？

三、讨论题

1. 上网搜索"自动预警"资料，分组讨论动态预警模型的优势有哪些？有无可调整的部分？

2. 分组讨论如何运用工程进度的可视化展示更好地进行工程进度的纠偏？

智能施工成本管理

项目 5.1 施工成本智能统计

教学目标

一、知识目标

1. 掌握施工项目成本构成；

2. 掌握施工项目成本管理内容；

3. 掌握施工项目成本精细化管理过程；

4. 熟悉施工合同管理的要点；

5. 了解工程变革与签证的造价成本编制；

6. 了解项目成本数据的采集。

二、能力目标

1. 具有编制成本文件的能力；

2. 具有操作系统采集和归类施工项目成本数据的能力；

3. 具有应用 BIM5D 平台统计成本数据的能力。

三、素养目标

1. 具有成本管理的职业素养；

2. 具有规范、公正、真实开展项目成本管理的职业能力；

3. 具有信息化职业能力。

学习任务

主要掌握施工项目成本管理的内容，培养具有应用 BIM5D 平台开展成本管理数据的采集、归类和统计的能力。

建议学时

4 学时

思维导图

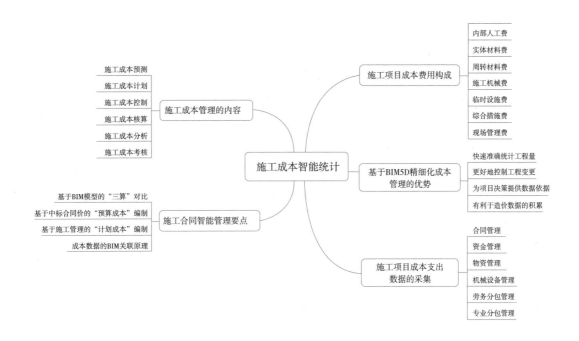

任务 5.1.1 认识工程成本管理

【任务引入】

在建筑市场日益激烈的竞争和建筑行业数字化、信息化、智能化发展的背景下，建筑业市场价格交易越来越透明，行业社会平均利率水平越来越低，越来越多的建筑企业管理者意识到，要想在激烈的市场竞争环境下获得更多的利润和发展空间，必须在企业内部生产管理上下功夫，通过技术更新、信息化改造、管理优化、人才提升等方式，实现企业降本增效的目标。

建筑企业施工项目部在确定合同金额的条件下，承接项目施工任务过程中，在保证项目安全、质量、进度的情况下，最大限度地追求成本支出最小化、利润最大化，必然特别关注施工项目成本管理的实施效果。施工项目部全员应建立数字化精细成本管理的理念，了解成本管理的内容，树立成本管理的意识，为实现项目成本管理的目标做出相应的岗位贡献。

【知识与技能】

1. 施工项目成本构成

（1）施工项目成本的基本概念

施工项目成本是施工企业以施工项目为成本核算对象，按制造成本法计算的发生在施工过程中的全部生产性费用，包括消耗建筑材料和构配件的费用、周转材料的损耗和租赁费用、施工机械的使用或租赁费、支付给生产工人的费用、支付给分包商的费用以及施工项目经理部为组织和管理施工过程所需发生的管理费用等。

施工项目成本构成

以施工项目为成本核算对象，将施工过程中发生的并且与施工生产直接相关的诸如人工、机械、材料、构配件、分包商等生产性费用归集起来，再加上施工项目经理部为组织和管理施工过程所需发生的现场管理费用，就构成了施工项目成本。

（2）施工项目成本的费用构成

作为发生在施工过程中的全部生产性费用，按生产性耗费的不同性质为分类标准，则施工项目成本的费用构成如图 5-1-1 所示。

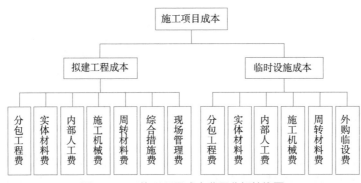

图 5-1-1　施工项目成本费用分解结构图

1）分包工程费

分包工程费是施工项目采购分包商为其完成分包范围内的施工任务，按分包协议必须由施工项目经理部支付的费用。

2）内部人工费

内部人工费是施工项目经理部支付给本企业内部生产工人的劳动报酬，包括基本工资、加班加点工资、奖金、辅助工资、职工福利费等费用。

3）实体材料费

实体材料费是对应于施工过程发生的实体材料消耗，施工项目经理部购置实体材料并送达施工现场所需的费用。

4）周转材料费

周转材料费是对应于施工过程中发生的对周转材料的占用，施工项目经理部必须支付的周转材料租赁费以及周转材料施工损耗费。

5）施工机械费

施工机械费是因施工过程使用了机械设备，必须由施工项目经理部支付的费用，包括施工机械租赁费、操作机械的司机人工费、动力燃料费等。

6）临时设施费

临时设施费是为了获得施工现场所需的临时设施，施工项目经理部必须支付的费用，根据获得临时设施的不同途径，临时设施费可以包括分包工程费、内部人工费、实体材料费、周转材料费、施工机械费、外购临设费等。

7）综合措施费

综合措施费是为了在施工现场开展安全保证、质量保证、文明施工等，施工项目经理部必须支付的费用。

8）现场管理费

现场管理费是施工项目经理部为了组织和管理施工过程，开展现场管理工作过程中的费用支出。

2. 施工项目成本管理内容

施工项目成本管理的核心内容就是在满足项目对于工期、质量和安全等要求的前提下，尽可能地采取科学合理的手段，对项目中的组织结构、施工技术等方面进行优化，以此进行项目的成本控制，以达到扩大项目收益的目的。

施工项目成本
管理内容

施工企业对于施工项目成本管理是一个循环往复的过程，如图 5-1-2 所示。

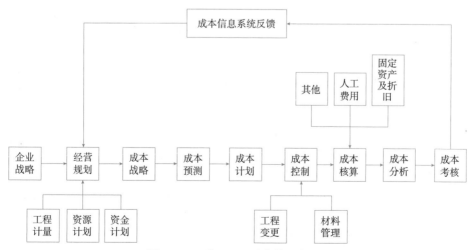

图 5-1-2　施工项目成本管理流程图

施工项目进行施工准备前期需要根据项目特征及企业经验制定成本战略方案；以成本战略方案为核心，根据项目合同及招投标文件进行工程量预算，进而预测施工成本；以预测成本为依据，制定符合当前项目特征的成本计划并实施到项目施工中；在项目建设过程中，施工企业要根据成本计划，定时开展施工成本的核算工作，当出现实际成本超出预算成本的情况，应及时结合现场情况进行成本分析，调查成本超额原因，并反馈到现场施工中，尽量避免类似情况再次发生。

成本管理的主要内容有：

（1）施工项目成本预测：是指在项目准备前期，施工企业成本部人员根据项目特征、工程合同、招投标文件，再结合其公司的管理水平及以往的工程经验，采用科学规范的计算方式，对准备施工的项目合理地进行成本预估。施工项目进行成本预测有助于施工项目深入了解项目特征、项目难点、项目重点。并依据提前了解的项目概况，配置出优化后的管理体系、施工体系，有针对性发现薄弱环节，加强施工成本控制，有效避免施工过程中的主观性和盲目性，确保项目在满足建设单位和本企业要求的情况下，争取到更多的效益。

（2）施工项目成本计划：施工项目成本计划是指以成本费用的形式，制定一系列措施与方案对项目施工过程中的生产费用、成本降低率等进行实时统计分析处理。施工项目编制成本计划，应当结合项目特征与施工企业自身管理水平、过往项目经验制定。成本计划是理想状态上比较符合项目特征、满足施工企业最大利益的施工计划。因此，施工项目成本计划能够作为后续制定成本目标的依据。

（3）施工项目成本控制：成本控制是指在项目施工过程中，对施工成本进行实时监督与调控。施工项目在项目建设过程中，实时监督成本的变化，当成本费用与成本计划有偏差时，施工项目通过现场调查施工情况分析成本偏差原因，制定科学合理的方案，实施到接下来的施工过程中，并实时反馈新方案的实施情况及效果，以此确保施工阶段成本能够得到控制，达到制定成本计划的预期。

（4）施工项目成本核算：施工项目的成本核算指的是进行两方面的核算：一方面是通过统计施工成本进行核算；另一方面是通过科学合理地汇总项目总成本进行核算。

（5）施工项目成本分析：施工项目成本分析指的是施工项目在施工过程中，基于成本核算结果，对施工成本进行研究分析。总结在施工项目施工过程中对施工成本产生影响的因素，并分析原因，最后通过科学合理地制定方案反馈到施工过程中。

（6）施工项目成本考核：施工项目成本考核指的是施工企业在项目建设完成退场后，统计项目的实际施工成本，并分解成各专业、各分部分项工程的实际成本，校核实际成本与目标成本是否存在偏差。将校核结果作为绩效依据，对施工企业各专业、各分部分项工程负责人进行评估，予以奖罚。

3. 基于 BIM 的施工项目成本精细化管理应用

（1）施工项目成本管理开展精细成本管理趋势分析

由于建筑施工领域的粗放型运作、信息化应用程度低等原因，现阶段成

BIM 精细化管理

本管理还存在以下薄弱问题：

1）无法准确掌握项目建设过程中的最新动态成本

目前许多施工企业对项目的成本管理缺乏事前控制和施工过程中的管理，仅仅在项目结束或进行到相当阶段时才对已发生的成本进行核算，显然已经为时过晚，成本控制的效果可想而知。

2）缺乏有效的成本精细化控制

项目成本管理是一项综合性很强的指标，要对成本形成的全过程、发生的各项费用进行控制，对这些成本的控制涉及技术、财务、材料、设备、行政后勤各个管理部门，直至一线的施工班组，各部门之间信息整合难度较大。

3）成本管理执行过程管控难度大

在建筑工程项目管理工作中，很多项目管理人员由于缺少完善的成本控制意识，对于企业要求的项目部门要先算后做，但在实际的工作中，经常会出现先干后算的现象，对于实际施工中需要的一些物料和人员等涉及的资金投入都会增加，这就无形地加大了施工成本。

要解决以上问题，针对施工项目开展精细成本管理是成本管理的重要趋势。精细化管理是一种科学的管理理念，施工项目精细化管理是指在项目投标承接到施工建设再到竣工验收的整个过程中，细化每个阶段的各项工作，合理配置各种资源，扩大施工管理工作的深度与广度，在保证工程质量的同时降低成本增加产出。

（2）基于 BIM 的施工项目成本精细化管理认识

随着 BIM 技术在建筑行业的应用，BIM 具备集成信息和传输信息的优势在项目管理中越来越凸显，尤其近年来，在 BIM 模型的基础上加载时间维度和成本维度的信息，使得基于 BIM5D 技术对工程计量和计价、进度管理、物资管理、安全质量管理实施动态的监督控制，进行阶段性成本分析和成本考核，发现偏差及时纠偏。同时，成本管理过程中所产生的数据会同步更新到 BIM 协同管理平台及项目管理信息云端共享，建设项目各参与方可以通过移动设备随时查看有关信息，对施工成本进行精细化管理。越来越受到施工企业的欢迎，如图 5-1-3 所示。

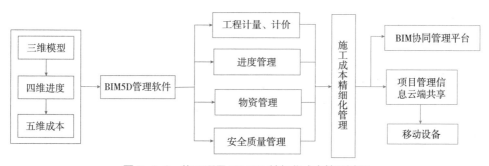

图 5-1-3　施工项目 BIM5D 精细化成本管理过程

（3）基于BIM5D精细化成本管理的优势：

①快速准确地统计工程量。BIM5D平台中基于三维信息模型直接统计工程量，三维模型中的构建不再只是二维的线条表达而是集成了几何信息及各种参数的数字化表达，在工程量统计模块可以直接识别并进行工程量统计，速度快、计算准。高效准确的工程量是工程预算、工程变更签证控制和工程结算的基础，也使短周期成本分析不再困难。在工程量统计方面大大节省了造价工程师的时间和精力，让他们可以把更多的精力放在成本分析上。另外，自动统计工程量不受人为因素的影响，提高了数据准确性，为下一阶段的成本管理工作打下良好的基础。

②更好地控制工程变更。工程变更一直是造价工程师进行施工成本管理的一大难点，一旦发生变更，造价工程师需要手动检查图纸，在图纸中确定变更的内容和位置，并针对变更对原工程量进行调整。这样的过程繁琐、耗时长而且不太可靠。同时，变更图纸、变更内容等数据的维护工作量大，需要专门的软件辅助查询。在BIM5D平台中，可以将成本信息与三维信息模型进行关联，当发生变更时，可以直接修改三维模型，系统会自动检测出发生变更的部分，并显示出变更结果，与此同时，成本信息也会随之更新，随即统计出变更工程量并将结果反馈给施工管理人员，让他们及时获取因为工程变更对造价的影响，并利用这些成本数据结合进度信息进行合理的资源分配。

③为项目决策提供数据依据。在进度管理4D模型的基础上关联成本信息生成BIM5D模型，为项目管理者合理安排资金计划和资源计划提供数据依据。5D模型中可以统计出任一时间段、任一部位、任一分部分项工程的工程量，数据粒度达构件级，辅助管理人员快速制定合理的劳动力计划、资金计划、资源计划，并且可以在施工过程中结合实际进度和进度对比合理调整资源安排，高效地进行成本进度分析。同时，BIM5D支持多方案比选，可在多个方案的实施模拟过程中，进行对比、分析、选择和优化，确定最优方案。因此，从项目整体来看，通过BIM可提高项目策划的准确性和可行性，进而提升项目管理水平。

④有利于造价数据的积累。在BIM5D平台中进行三维模型与各类信息的集成，形成带有设计和施工全部信息的三维模型，便于数据的存储和积累。目前，在传统模式下工程项目施工过程中成本数据无法形成标准的历史数据库，由于不同的项目基于不同的建造模式，已完工程的造价信息由各参建单位分别创建和保管，不便于收集和存储。

【任务实施】

施工项目成本管理是施工项目管理的重要环节，假定读者作为施工项目部项目经理，请通过查阅资料，结合本任务知识和技能描述的内容，编制一份施工项目成本管理方案。

【学习小结】

本任务通过对施工项目成本构成的分析和成本管理内容的梳理，提出施工项目成本管理是施工项目管理的重要环节。结合施工项目成本管理存在的问题，提出基于 BIM 技术的精细化成本管理是成本管理发展的趋势，并越来越受到施工企业的欢迎。

任务 5.1.2　施工合同智能管理

【任务引入】

施工企业开展施工项目成本控制最关心的就是项目的利润最大化，实现项目利润就是项目收入减去项目支出，而在施工过程中，依据签订的合同进行工程计量和进度款结算等工作确认项目收入是确保项目利润的重要内容。施工企业基于 BIM 技术应用和项目管理系统的支持，通过项目合同智能管理建立对项目收入的确认和项目支出限额控制，实现项目成本管理成效，是当前项目成本管理的普遍做法。如何实现对项目施工合同的智能管理，是本任务重点解决的问题。

【知识与技能】

1. 施工合同智能管理要点

施工项目合同确认的工程造价是预期的项目收入，是编制项目成本计划的依据，是判断项目是否盈利的重要数据之一。在现有的项目管理系统中可以规范、完整地实现项目合同的登记和合同文件的传输，但是基于 BIM 模型的项目管理系统，在实现项目安全、质量、进度管理目标的基础上，加载项目合同价格信息，并实现与项目进度相一致的价格信息集成，动态化实现项

施工合同智能
管理要点

目成本盈亏情况分析，还需要加强项目施工合同信息的处理和挂接工作。实现基于 BIM 模型的施工合同智能化管理主要点有以下几点：

（1）基于 BIM 模型的"三算"对比

按照成本控制理论，借助信息化手段开展成本控制，最常见的控制方法是动态的"三算"对比，即"预算成本""计划成本""实际成本"相对比。其中"预算成本"来源于中标合同价，"计划成本"是施工项目部依据"预算成本"经过测算编制的工程实施计划成本，"实际成本"是随着施工的进行实时反映实际成本开支的情况。在基于 BIM 模型反映工程实际施工进度的情况下，通过将"三算"数据与 BIM 模型构件进行属性挂接，可以实现动态"三算"对比效果。

（2）基于中标合同价的"预算成本"编制

中标的合同价格就是施工项目预期的合同收入，就是施工项目的预算成本来源，项

目施工技术人员对照中标合同价格，按照统一的成本编制格式计算相应的"预算成本"，用以确定项目的成本控制红线。预算成本按照下式计算：

$$预算成本 = 预算工程量 \times 投标单价$$

（3）基于施工管理的"计划成本"编制

施工项目部一般在承接企业委托的项目任务时，需依据"计划成本"与企业签订目标责任书，用以管理施工成本开支，是企业确保项目利润的主要管理依据。计划成本按照下式计算：

$$计划成本 = 计划工程量 \times 预算单价$$

（4）成本数据的 BIM 关联原理

由于施工项目 BIM 模型是以构件实体呈现的，而相应的成本表现也是以清单项目形式呈现，通过 BIM5D 平台，可以以 BIM 构件为载体，将成本数据进行挂接，赋予 BIM 构件相应的成本属性，在后期开展成本管理的过程中，逐步加载进度和实际成本信息，就能够实现成本控制目标。

2. 施工合同智能管理实施过程

按照上述描述，实现基于 BIM 模型的施工合同智能管理过程，最重要的是要选择适应项目施工管理需要的基于 BIM 的项目管理平台，本任务以广联达 BIM5D 平台为例讲述实施施工合同智能管理的过程。

合同智能管理过程

（1）基于 BIM 模型的清单匹配

应用市场通用的计价软件或者 excel 计价文件，将中标合同文件处理成 BIM5D 平台可以读取的"预算成本"或"计划成本"格式文件，如图 5-1-4 所示。文件格式内容与清单或定额报价书一致。

	编码	名称	项目特征	单位	工程量	综合单价	合价
1	⊟	整个项目					
2	⊟ 010101001001	平整场地	1. 土壤类别：一般土	m2	797.42	7.95	6339.49
3	1-1	平整场地		100m2	7.974	794.44	6335.02
4	⊟ 010101002001	挖一般土方	1. 基底钎探	m2	463.95	6.38	2960
5	1-63	基础钎探		100m2	4.64	637.52	2957.77
6	⊟ 010101004001	挖基坑土方	1. 土壤类别：一般土 2. 挖土深度：3米以内	m3	1997.789	37.27	74457.58
7	1-28	人工挖地坑一般土深度 (m)3以内		100m3	19.978	3399.62	67917.27
8	1-38	机械挖土一般土		1000m3	1.998	3271.49	6535.78
9	⊟ 010103001001	回填方	1. 夯填	m3	1662.255	18.36	30519
10	1-84	回填土 夯填		100m3	16.623	1835.64	30512.93
11	⊟ 010103002001	余方弃置	1. 废弃料品种：余土 2. 运距：1KM	m3	335.534	9	3019.81
12	1-46	装载机装土自卸汽车运土 1km内		1000m3	0.336	9005.12	3021.22
13	⊟ 010402001001	砌块墙	1. 砌块品种、规格、强度等级：200 厚加气混凝土砌块 2. 砂浆强度等级：M5混合砂浆 3. 部位：除阳台、卫生间四周墙体	m3	224.504	263.1	59066.92
14	3-58	加气 混凝土块墙(M5混合砌筑砂浆)		10m3	22.45	2630.93	59065.43
15	⊟ 010402001002	砌块墙	1. 砌块品种、规格、强度等级：200 厚加气混凝土砌块 2. 砂浆强度等级：M5水泥砂浆 3. 部位：卫生间四周墙体	m3	133.344	263.1	35082.03
16	3-58	加气 混凝土块墙(M5混合砌筑砂浆)		10m3	13.334	2630.93	35081.87

图 5-1-4　预算成本或计划成本示例

将成本文件导入 BIM5D 平台后，打开"清单匹配"对话框，如图 5-1-5 所示，可以结合项目 BIM 模型清单项目设置和"成本"清单文件项目设置的一致性，通过"自动匹配"或"手动匹配"等方式，实现对 BIM 模型构件的清单造价信息挂接。

图 5-1-5　BIM 模型的清单匹配

（2）基于 BIM 模型的清单关联

应用"清单匹配"功能可以直接实现定义清单属性的 BIM 模型构件与相应"成本"清单项的挂接，但是对于类似钢筋构件等没有清单属性的 BIM 模型构件，需要通过"清单关联"功能实现"成本"清单的挂接，如图 5-1-6 所示。

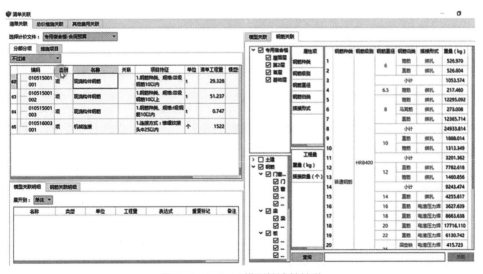

图 5-1-6　BIM 模型的清单关联

通过以上平台数据的操作和处理，就基本建立了 BIM 模型的施工合同的管理体系，为后期针对施工项目实际施工进度构建的基于 BIM 模型成本控制建立了数据平台和基础。

【任务实施】

请读者选择一个典型工程项目，在建立 BIM 模型和相应合同预算成本、计划成本文件的基础上，将相应的模型和成本文件导入 BIM5D 平台，完成相应模型构件成本数据的匹配和关联。

【学习小结】

本任务通过对施工项目合同中标价的处理，在利用相应的软件完成相关成本文件的编制的基础上，讲解了应用 BIM5D 平台实现施工项目合同智能管理的流程。

任务 5.1.3 施工变更与签证管理

【任务引入】

施工企业签订施工合同后，按照合同约定实施施工任务过程中，不可避免地会出现设计变更或者施工签证的现象。作为合同收入的重要组成部分之一，工程变更和签证的费用一般确认为合同外收入，施工管理者对其越来越重视。在智能建造背景下，如何建立基于 BIM 模型的施工变更和签证管理，是本任务要解决的主要问题。

【知识与技能】

1. 施工变更与签证成本文件编制

设计变更是工程施工过程中保证设计和施工质量，完善工程设计、纠正设计错误以满足现场条件变化而进行的设计修改工作。一般包括由原设计单位出具的设计变更通知单和由施工单位征得原设计单位同意并签章的设计变更联络单两种。

成本文件编制

施工过程中的工程签证，主要是指施工部门在施工图纸、设计变更所确定的工程内容以外，施工图预算或预算定额取费中未含有而施工中现场又实际发生费用的施工内容所办理的签证，如由于施工条件的变化或无法预见的情况所引起工程量的变化。

工程项目施工过程中发生的变更与签证事件都是在合同约束条件下完成的，此类事件发生必然会带来项目收入和支出的变化，是影响施工项目盈亏的重要部分。因此加强对施工项目变更与签证的管理，按照施工合同智能管理章节的描述，利用 BIM5D 平台做好相应的管理工作特别重要。

对照合同条款，做好变更与签证的相关成本文件的编制，是适应 BIM5D 平台进行成本管理的基础工作。变更与签证成本文件的格式内容要求应与"预算成本"文件格式内容一致，方便实现 BIM5D 平台模型数据的挂接。

由于变更、签证引起的工程量清单项目或清单项目工程数量的增减，均按实调整。其综合单价的确定方法一般按照以下方式调整：

（1）合同中已有适用的综合单价，按合同中已有的综合单价确定；

（2）合同中有类似的综合单价，参照类似的综合单价确定；

（3）合同中没有适用或类似的综合单价，按地方规定计算后按照中标下浮率进行下浮，确定综合单价。

2. 施工变更与签证成本管理实施过程

项目实施过程中，一旦有相应的施工变更与签证的发生，项目部技术人员要迅速响应，及时做好变更与签证的管理工作，本任务以广联达 BIM5D 平台为例讲述实施变更与签证管理的过程。

施工变更与签证
成本管理实施
过程

（1）涉及变更与签证的 BIM 模型的更新

项目技术人员针对变更与签证项目，在原有 BIM 模型基础上，通过 BIM 建模软件，准确完成变更与签证的 BIM 模型设计，并上传 BIM5D 平台，完成相应的模型更新工作，如图 5-1-7 所示。

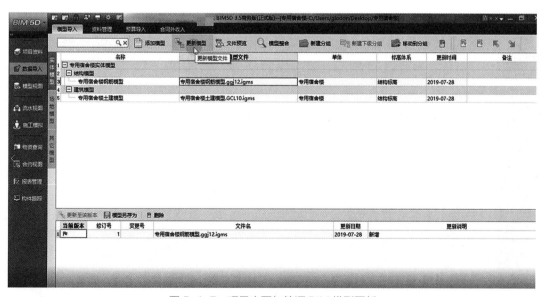

图 5-1-7　项目变更与签证 BIM 模型更新

151

（2）变更与签证信息登记和成本文件导入

项目技术人员应用计价软件，按照合同条款，依据原中标合同价格，编制完成变更与签证项目造价文件，在此基础上，通过 BIM5D 平台上的变更登记，完成相应变更与签证信息的登记和造价成果的上传，如图 5-1-8 所示。

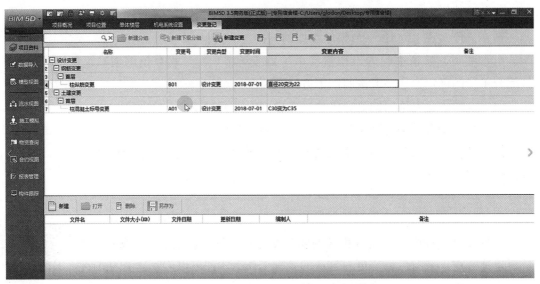

图 5-1-8　项目变更与签证信息和造价成果登记

（3）变更与签证造价成本信息和 BIM 模型的关联

项目技术人员在完成变更与签证信息登记后，应及时做好变更与签证项目造价成本与更新后的 BIM 模型构件的挂接，如图 5-1-9 所示。

图 5-1-9　项目变更与签证造价成本与 BIM 模型挂接

【任务实施】

请读者选择一个典型工程项目，在建立 BIM 模型和成本文件导入 BIM5D 平台的基础上，按照给定的变更和签证单，完成相应模型构件的变更与签证成本数据的匹配和关联。

【学习小结】

本任务通过对施工项目实施过程中产生的变更与签证成本造价文件的编制，讲解了应用 BIM5D 平台实现施工项目变更与签证成本管理的流程。

任务 5.1.4 　施工成本智能统计

【任务引入】

施工企业项目部管理者在实施项目施工任务过程中，对于项目实际成本支出特别关注，在借助 BIM5D 平台开展项目管理过程中，项目经理需要实时动态获取项目成本支出情况，并对支出情况做出判断。这就需要项目部相关岗位的技术人员在完成项目 BIM 模型和成本数据挂接的基础上，配合进度管理实时做好实际成本更新，利用 BIM5D 平台实时展示项目成本盈亏情况，为项目经理开展成本控制提供数据支持。

【知识与技能】

1. 施工项目成本支出数据采集

要实现项目成本数据的归集，建立基于 BIM 模型的实际成本数据的采集，重点模块应该是关于施工项目成本数据的采集、归类和数据处理。以某施工企业项目管理平台系统为例，描述基于施工项目成本数据数字化采集的内容，帮助读者掌握成本管理数据采集具体的技术要点。

施工项目成本
支出数据采集

图 5-1-10 所示为某企业项目管理系统，施工项目成本管理平台应该按照施工项目基本的工作流程，按照项目岗位人员分工，完成相应项目合同收入和支出科目相关数据的采集和归类处理，主要模块有：合同管理、资金管理、物资管理、机械设备管理、劳务分包合同管理、劳务管理及专业分包管理。在以上模块信息采集和归类处理后，利用"成本管理"模块开展成本管理策划和控制，以实现成本管理目标。

施工项目成本数据数字化采集和归类处理的操作情况如下：

图 5-1-10　某企业项目管理系统

（1）合同管理

企业经过投标、中标后，与建设单位签订施工合同，施工合同中说明工程的施工范围、合同标的、工程款支付以及双方的权利义务等内容，合同中的内容是项目在实施过程中双方共同遵守的条款规则。对应实施过程，需要在做好合同信息录入的基础上，分别完成：

①预算管理：施工合同签订的总造价是通过预算书的方式体现的，施工合同对应的预算是项目进行报量、结算的依据。合同签订后，由企业预算人员根据合同预算编制施工图预算后下发到项目部，作为项目报量、控制成本及考核的依据。

②变更洽商管理：项目在施工过程中会出现一些与原设计不一致的变更，这些变更将作为施工的依据替代原设计文件。一般由技术部签收，立即与工程部核实变更部位是否已经施工。施工单位需要认真记录这些变更，涉及调整工程量的情况需要及时与监理、建设单位进行沟通。当确认按照变更执行时，发生经济费用的需要再编制相应的预算，上报监理、建设单位审批，审批后的预算作为施工合同的补充，一同进行结算。

③进度报量：项目根据每个月工程完成的情况，编制对应的预算，上报给监理和建设单位，（报出值不能小于实际产值），业主确认扫描上传。建设单位根据甲方报量的结果以及合同的约定给施工单位拨付工程款。

④其他支出合同管理：除常见的材料、机械、分包等合同外，项目部还会与相关单位签订各类其他合同，为了对项目的合同进行全面管理，对其他合同也需要进行登记，并且需要对合同进行结算，按照系统需每月做好核算统计。

（2）资金管理

①收入预算成本科目挂接：企业成本管理部门或项目部成本核算管理部门根据企业成本核算制度的要求，对导入系统的预算文件中的人、材、机、措施费、计价程序等明细项进行成本科目挂接，某管理系统预算成本挂接界面如图 5-1-11 所示。

②产值统计：根据施工现场情况结合生产部门、技术部门的月报、周报等资料，确定当期的形象进度，统计当期产值，形成产值报表上报给公司相关部门。

③收入预算核算台账：收入预算核算台账取同期及前期未进成本账的产值统计、工程结算调整单、收入分摊单、其他收入记账单，台账可以前插，存在后期成本账也可以删除和修改。

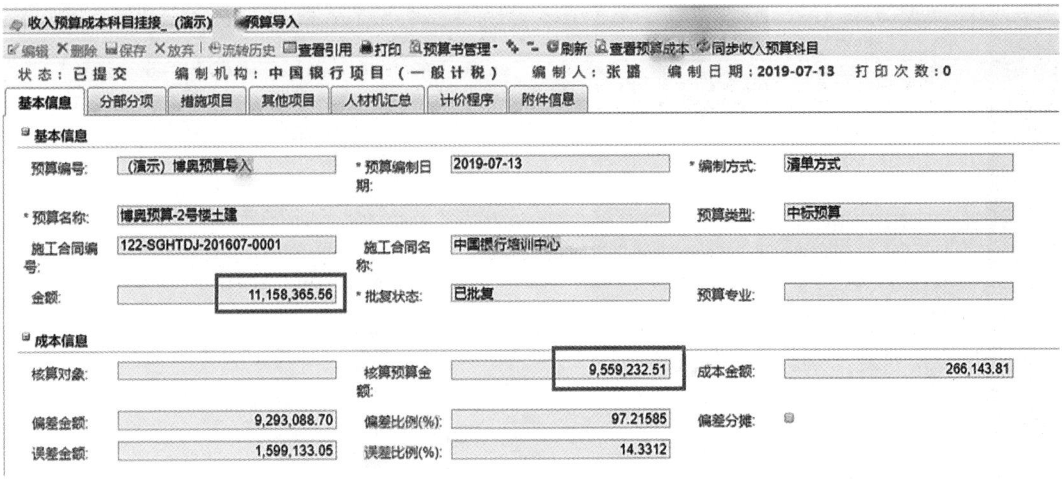

图 5-1-11 某管理系统预算成本挂接界面

（3）物资管理

针对施工项目需要的材料、设备等入库、出库以及周转材料的租赁使用，做好业务统计和信息收集，为开展项目直接工程费核算提供数据支持，并做好相关物资台账和成本科目的挂接处理工作。

（4）机械设备管理

项目人员提出机械的租赁计划，根据计划，项目负责机械人员联系供应商或者通过招投标方式确定机械租赁的供应商，签订租赁合同，在合同中签订双方的权利和义务，对机械的租赁时间、租赁费计算方式都进行说明。按照合同要求和实施过程，对机械设备的进场、出场及相关配套的结算单做好系统数据的输入，形成管理台账。

（5）劳务分包管理

施工项目施工组织一般常以劳务分包的形式组织实施，常见的劳务合同分为内部劳务合同和外部劳务合同。外部劳务合同是指开票合同，内部劳务合同是与劳务队签订的实施合同。按照系统流程，做好劳务发包、结算等信息的输入，并进行劳务成本科目与预算的人工费挂接。

（6）专业分包管理

针对专业分包项目，按照系统要求，做好专业分包项目的信息输入、预结算管理和预算成本科目的挂接处理，形成专业分包台账。

2. 施工项目成本采集数据的 BIM5D 平台挂接

基于施工成本支出的数据采集，在 BIM5D 平台上通过分包设置、资源配置等操作实现实际采集的成本数据与 BIM 模型构件的挂接，如图 5-1-12 所示。通过详细而细致的操作完成实际成本的智能统计，为后续开展成本动态控制提供支持。

成本数据平台
挂接

图 5-1-12　实际成本数据的 BIM 平台挂接

【任务实施】

请读者选择一个典型工程项目，在收集项目实际成本支出数据的基础上，在 BIM5D 平台上将相应的实际成本数据与完成相应模型构件的数据关联，实现项目成本数据的智能统计。

【学习小结】

本项目阐述了进行施工项目成本采集的要素和关注点，讲解了应用 BIM5D 平台实现施工项目实际成本数据的挂接和统计。

知识拓展

施工项目成本集成管理的方法：

（1）建立符合集成管理模式的成本分解结构

建立成本分解结构的过程中，在统一的成本核算口径的基础上，分解施工时产生的费用，形成具有花费不同成本特征的成本分解结构，使得在建立"施工决策"与"施工花费"关系时更加方便，并便于在集成管理模式下进行成本控制。

施工项目成本
集成管理

（2）建立符合集成管理模式的成本控制体系

首先，由施工单位建立成本控制体系，统一单位所有的成本控制过程中的信息表达内容，如成本控制的指标名称、含义、统计及计算方法。

其次，需要判断符合集成管理模式及成本控制对决策信息的要求，从而建立施工全过程的指标体系。以此为成本控制工作打下基础，可限定成本分析以及统计实际成本的具体内容。

最后，因为根据成本控制过程为施工决策提供有效的信息支持是施工成本管理的主要任务，故成本控制指标的具体内容需要涵盖施工每个阶段的结算成本、计划和实际成本、成本的变化趋势以及成本差异等信息。此外，由于不同管理层次的需求也不尽相同，所以该指标还需要包括成本项目类别、量价明细以及成本汇总信息等。

（3）应用协调工作的方式进行成本控制

由于项目花费的成本是由施工方式决定的，并且施工方式又取决于施工过程中的每一个决策，因此成本管理是通过最小化成本来满足施工成本控制的要求。

成本控制的首要目标是成本计划，而成本计划的主要任务是集结技术、施工和采购等部门的决策信息，根据具体的施工方案预测所花费的成本目标，并反馈给各部门的管理人员，帮助其决策，最后通过改变施工方案达到成本最小化。该过程最核心的部分是各部门需要及时交换信息，通过协同的方式进行成本计划。

成本控制的任务则是通过实时成本的监控，不断进行成本动态分析，通过对比获得成本差异的原因，从而反馈给技术、施工和采购部门，及时采取各种措施对其纠偏，若发现与计划出现偏差，则重新修改计划，返回成本计划阶段。成本控制是根据成本监控的信息对施工过程进行整改，结合各部门的施工决策信息，制定施工方案，并且在重新制定计划时，再次预测成本目标。因此，整改施工方案与重新制定计划的核心都是采用协同的方式进行成本控制。

（4）建立成本管理信息化系统

基于集成管理模式的成本管理是一种一体化管理方式，该过程的核心是对成本信息集成的过程，所以需要各部门联系紧密，及时交流，信息互通。当建立该一体化信息集成模型时，便能开发相应的成本管理信息化系统，根据该系统的信息互通功能，实现对施工全过程的成本计划和控制。

习题与思考

一、填空题

1. 施工项目成本是施工企业以施工项目为成本核算对象，按＿＿＿＿＿法计算的发生在施工过程中的全部生产性费用，包括消耗建筑材料和构配件的费用、周转材料的损耗和租赁费用、施工机械的使用或租赁费、支付

习题参考答案

给_____的费用、支付给分包商的费用以及施工项目经理部为组织和管理施工过程所需发生的_____等。

2. 施工项目成本计划是指以_____的形式，制定一系列措施与方案对项目施工过程中的生产费用、_____等进行实时统计分析处理。

3. 按照成本控制理论，借助信息化手段开展成本控制，最常见的控制方法是动态的"三算"对比，即_____、_____、_____相对比。

4. 设计变更是工程施工过程中保证设计和施工质量，完善工程设计、纠正设计错误以满足现场条件变化而进行的设计修改工作。一般包括由原设计单位出具的_____和由施工单位征得原设计单位同意并签章的_____两种。

二、简答题

1. 施工项目成本构成有哪些？

2. 简述施工项目成本管理的内容。

3. 简述施工项目合同管理的要点。

4. 简述 BIM5D 平台进行施工合同智能管理的流程。

5. 施工项目实际成本采集主要包括哪些模块？

三、讨论题

请采取不同调研方法，了解我国施工企业目前使用的施工项目成本管理系统，并分析成本管理系统的成本控制原理。

项目 5.2　施工成本预警与控制

教学目标

一、知识目标

1. 了解挣值法的原理；

2. 掌握施工项目成本三算对比的方式；

3. 掌握施工项目成本控制的内容。

二、能力目标

1. 具有应用 BIM5D 平台实施实际成本采集的能力；

2. 具有分析成本偏差的能力；

3. 具有应用 BIM5D 项目管理系统进行动态控制的能力。

三、素养目标

1. 具有成本管理的职业素养；

2. 具有成本节约的意识和敏感度；

3. 具有网络信息化职业素质。

学习任务

主要掌握施工项目成本节超信息化处理的内容，并能够应用 BIM5D 平台进行成本动态控制。

建议学时

2 学时

思维导图

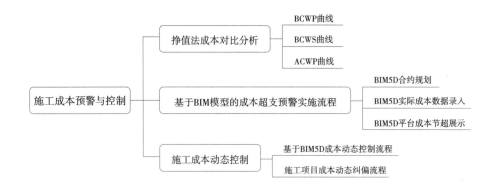

任务 5.2.1 施工成本超支自动预警

 【任务引入】

项目施工过程中成本超支现象时有发生，项目往往都是施工完成后进行项目盘点时才发现项目亏损。如果施工项目部在实施生产任务的同时，能够实时监控成本支出状态，建立成本超支预警机制，就能够更好地实现项目盈利目标。因此作为施工项目部的管理人员，应积极发挥 BIM 集成信息的优势，通过 BIM5D 平台建立适应施工进度的成本反馈系统，更好地服务企业发展。

 【知识与技能】

1. 挣值法在成本对比分析中的应用

挣值法可以直观综合地反映成本和进度的进展情况，发现项目实施过程中二者之间的差异。运用挣值法能够很快发现项目在哪些地方出现了问题，找出原因，从而采取补救措施进行控制。挣值法的核心就是计算绘制出三条曲线（BCWP 曲线、BCWS 曲线以及 ACWP 曲线），这三条曲线横坐标为时间

挣值法

要素、纵坐标为成本要素，成本要素即单位工程量预算单价（BC）和单位工程量实际单价（AC）；时间要素用工程量代表已完工程的工程量（WP）和拟完工程的工程量（WS）。挣值法是最能直观反映成本、进度偏差情况的成本管理方法，其应用的基础是 WBS 工作分解结构，其前提是要对工程项目实时追踪，及时获取进度、成本数据信息。而 BIM 模型也是基于 WBS 工作分解结构构建而来，5D 平台将各类专业模型及信息集成后，包含着基于 WBS 的工程量、进度、成本等相关信息，并且能够汇总工程项目任意时间段内的

费用，从而为挣值法提供精确数据，分析成本和进度偏差情况。因此，挣值法与 BIM5D 的结合，能够达到项目精细化管理及施工阶段动态成本管理的目的。

2. 基于 BIM 模型的成本超支预警实施流程

超支预警

前述可以看出挣值法是最能直观反映成本、进度偏差情况的成本管理方法，基于 BIM5D 技术对施工阶段的成本控制进行研究，建立预算成本、计划成本、实际成本、计划利润和实际利润参数进行综合对比，使之能够更加直观明确其成本控制情况。主要实施流程为以下两部分：第一部分是 BIM5D 平台的信息集成过程，主要是将施工图纸和所做的各专业整合模型以及成本资料、进度资料、质量安全记录、合同信息导入 BIM5D 平台中形成 BIM5D 模型，在信息平台集成分析应用，流程如图 5-2-1 所示。

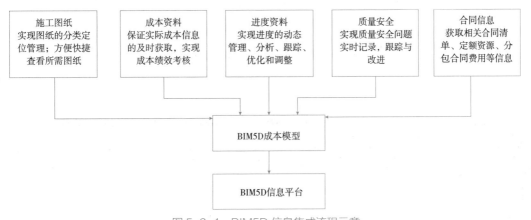

图 5-2-1　BIM5D 信息集成流程示意

第二部分是通过 BIM5D 信息平台，为工程项目提供实时的成本、进度信息，利用挣值法评价指标动态反馈成本节超情况，并对项目成本预期超支情况进行预警，后期实现对成本进行考核、分析、纠偏。通过参数指标曲线看板直接反馈项目实施情况，如图 5-2-2 所示。

（1）BIM5D 合约规划

应用 BIM5D 平台，在完成项目 5.1 相应任务的基础上，为实现项目成本对比，需对项目进行合约规划，即将已经完成项目预算成本、计划成本挂接或关联的项目进行项目成本数据汇总计算，在数据看板中直观展示清单分项计划利润，如图 5-2-3 所示。

（2）BIM5D 实际成本数据录入

结合实际成本支出情况，可以利用企业业财一体化系统统计实际支出数据，按照成本支出形式，在 BIM5D 平台上完成实际成本数据的挂接，这项工作是随着工程的实际进度实时统计的，形成与原计划进度下的成本对比，如图 5-2-4 所示。

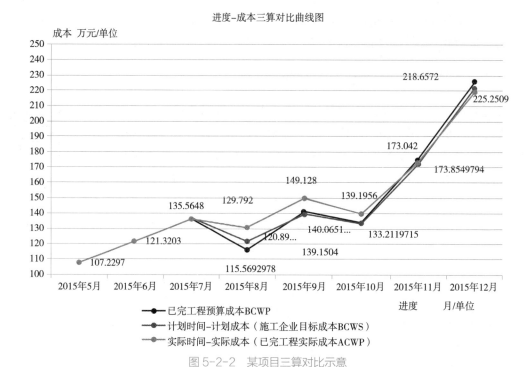

进度–成本三算对比曲线图

图 5-2-2　某项目三算对比示意

图 5-2-3　BIM5D 项目平台合约规划

（3）BIM5D 平台成本节超展示

应用 BIM5D 平台数据，项目管理者可以实时调阅项目成本节超情况，如图 5-2-5、图 5-2-6 所示，明确具体项目节超数据，确定具体采取成本控制措施的对象，为项目后期实施在既定的计划范围内提供支持。

图 5-2-4　BIM5D 实际成本数据录入

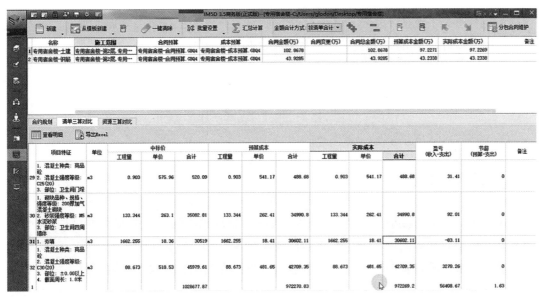

图 5-2-5　BIM5D 展示项目节超情况

 【任务实施】

　　请读者选择一个典型工程项目，在 BIM5D 平台上模拟项目实际进度情况下，项目成本节超变化情况。

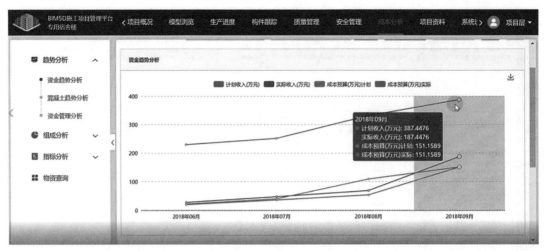

图 5-2-6 BIM5D 项目管理平台成本趋势图

【学习小结】

本任务讲解了挣值法在项目成本统计中的应用，阐述了施工项目成本节超对比的原理，讲解了应用 BIM5D 平台统计成本节超情况的流程操作。

任务 5.2.2 施工成本动态控制

【任务引入】

建筑企业项目部受管理水平的限制，成本控制意识不强，虽然重视项目预算计划，却忽略工程项目预算的过程管理，对项目成本管控不严，导致工程投资失控，二次投资现象屡见不鲜，项目资金难以保证正常运作，进而影响项目建设，导致项目工程停工或者搁置。加强项目成本动态控制，针对已经发生的成本超支或预期可能发生的成本超支情况做出及时的动态调整，使得项目始终处于受控状态，可以有效提升项目管理成效。

【知识与技能】

1. 施工成本控制

施工成本控制，就是在施工过程中运用必要的技术与管理手段对直接成本和间接成本进行严格监督的一个系统过程。施工成本控制是施工项目成本管理的重要环节。施工成本控制目的在于控制项目预算的变化，为管理提供与成本有关的用于决策的信息。施工成本控制是根据工程项目的成本计划，对项目实施过程中所发生的各种费用支出，采取一系列的措施诸如组织措施、技术措施、经济措施、管理措施等来进行严格的监督和控制，及时纠正偏差，总结经验，保证工程项目成本目标的实现。施工项目成本动态控制就是利用信息化平台实时动态反映的成本超支情况，及时动态地做出控制性操作的过程。

施工成本控制

在建立基于 BIM5D 平台的成本相关信息及时更新的基础上，可以动态、直观、快速反映成本节超情况，项目经理部管理人员按照项目管理流程，及时动态响应，采取相应的措施实施成本控制，如图 5-2-7 所示。

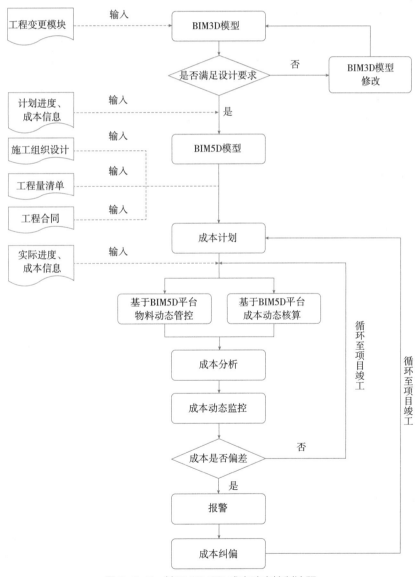

图 5-2-7　基于 BIM5D 成本动态控制流程

2. 基于 BIM 模型的施工项目成本纠偏实施

项目施工过程中每一个成本核算期间结束后，预算人员或项目部人员利用相关成本管理系统进行统计、分析当前项目成本管理业务数据，找出漏洞，采取改进措施，力争实现项目计划成本期间目标和项目总体成本计划目标，确保项目盈利。在系统中，各级领导可以随时查询从不同角度进行统计分析的项目成本管理业务数据，为管理决策活动提供丰富、准确、实时的业务数据支持，从而快速、有效地改善成本状况。

成本纠偏

一般来讲，在基于 BIM5D 平台建立的"三算"对比体系下，项目管理者应及时响应成本动态监控产生的偏差预警，通过技术手段分析偏差的影响程度和引起偏差的原因，并利用管理系统的指令派工系统完成成本偏差的调整和优化，如图 5-2-8 所示。

项目成本动态控制需要贯穿全面、全员、全过程管理理念，在项目实施过程中，充分利用 BIM5D 平台的信息集成优势和数据分析能力，为项目成本管理者针对项目成本偏差情况及时动态地做出纠偏措施，保证项目成本始终处于可控状态，如图 5-2-9 所示。

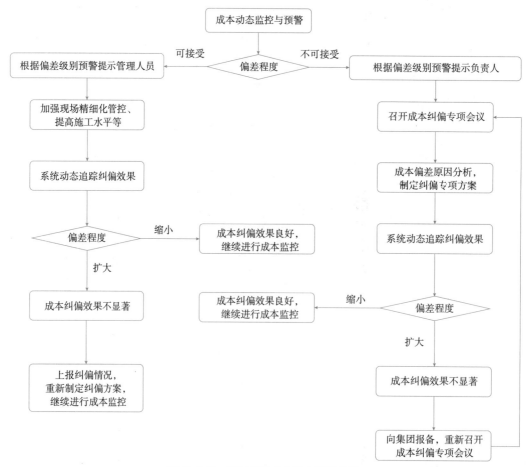

图 5-2-8　施工项目成本动态纠偏流程

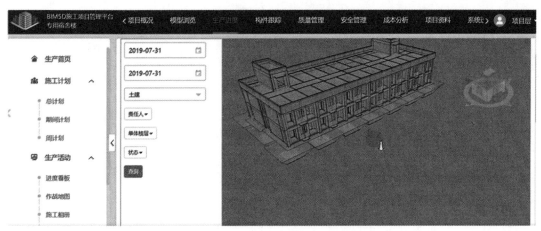

图 5-2-9　基于 BIM5D 项目管理平台的生产任务布置

 【任务实施】

请读者选择一个典型工程项目，在 BIM5D 平台上模拟项目实际进度情况下，针对项目成本偏差项目，做出纠偏措施，并在 BIM5D 项目管理平台上做出相应的派工或调整指令。

 【学习小结】

本任务讲解了施工项目成本控制的流程，阐述了基于 BIM5D 平台开展成本偏差纠偏的流程和项目管理平台的操作，帮助读者掌握利用平台开展成本控制实施。

知识拓展

在建筑施工领域，关于施工项目成本管理的系统软件和平台种类繁多，大多是基于工程项目预结算流程管理或项目会计记账式成本管理软件。能够综合考虑项目收支和施工实时管理的集成应用很少。若要实现成本动态控制，必须综合市场比较成熟的项目管理系列软件，通过建立不同软件系统之间的数据传输耦合体系，实现项目成本管理的目标。

基于 BIM 应用
成本管理

如图 5-2-10 所示，基于 BIM 应用的施工项目成本管理信息传输可划分为三部分：数据源、数据层、应用层。其中，数据源是构建 BIM 模型的基础来源，一般是以相关设计文件为基础进行构建，是设计信息主要输入过程；数据层是施工过程信息的主要输入过程，同时也是施工过程信息的反馈与汇总平台，一般以规范要求、实际施工情况为基

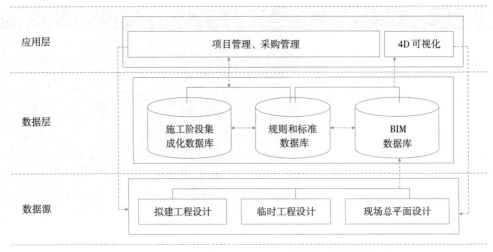

图 5-2-10　基于 BIM 技术的施工项目成本管理信息传输示意图

础进行构建；应用层是 BIM 模型的主要信息输出环节，是 BIM 模型指导实际成本管控的重要过程。

（1）数据源

数据源是实现基于 BIM 技术的建筑施工企业成本管理信息平台的基础，主要作用是依据施工图等 2D 平面文件建立三维信息模型，从而为后续的数据输入与输出奠定基础。通常利用 Revit 软件依据施工设计、施工现场平面设计以及临时设施设计等相关文件建立三维信息模型。

（2）数据层

数据层是 BIM 技术作为信息平台运用的核心内容，主要由 BIM 数据库、施工阶段多要素集成化数据库以及用于链接 BIM 数据库和施工阶段多要素集成化数据库的规则和标准数据库三部分构成。

BIM 数据库主要是用于存储数据源层面构建的三维模型；施工成本集成数据库主要是存储在施工过程中产生的相关信息，如工作分解结构、进度、质量、材料、成本等成本影响因素；规则和标准数据库主要起到数据转换作用，通过该数据库存储的材料消耗量标准、材料价格等规则与标准数据，实现施工成本集成数据库与 BIM 数据库直接的数据互通，即实现施工过程信息与 BIM 三维模型的数据结合。

（3）应用层

应用层的主要工作是将数据层建立的数据应用于指导实际施工。通过数据层汇总的各项成本影响因素以及施工三维模型，将成本管控措施落实到施工、材料、供应等具体的各项目职能岗位，实现数据层的数据应用与输出。同时在应用过程中产生的新的成本信息数据再反馈至数据层，实现数据的更新与迭代，实现成本动态化管理。

习题与思考

一、填空题

1. 挣值法的核心就是计算绘制出三条曲线_____、_____以及_____，这三条曲线横坐标为时间要素、纵坐标为成本要素，成本要素即单位工程量预算单价（BC）和单位工程量实际单价（AC）；时间要素用工程量代表已完工程的工程量（WP）和拟完工程的工程量（WS）。

2. 施工项目成本控制是施工过程中，运用必要的技术与管理手段对_____和_____进行严格监督的一个系统过程。

二、简答题

1. 简述基于 BIM5D 进行成本预警的流程。

2. 简述施工成本动态控制的流程。

三、讨论题

请搜集一些建筑企业使用的项目成本管理系统，了解相应的成本管理系统的控制原理。

习题参考答案

项目 6.1 供应链管理

教学目标

一、知识目标

1. 认识和了解供应链管理的目标和内容；

2. 了解供应链管理平台的价值。

二、能力目标

1. 能说明供应链管理的组成部分；

2. 能举例说明常见的供应链管理平台和其具体应用。

三、素养目标

1. 具有良好的沟通交流能力和团队协作能力；

2. 具有对智能建造的探索精神和数字化素养。

学习任务

认识供应链管理的组成和内容，了解常见的供应链管理平台和其具体应用。

建议学时

4 学时

思维导图

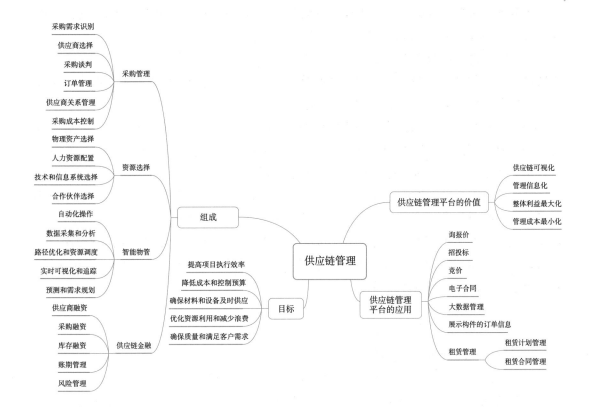

任务 6.1.1 　认识供应链管理

　【任务引入】

供应链管理是指在建设工程项目中，协调和管理涉及材料、设备、劳动力和其他资源从供应商到施工现场的各个环节和活动的过程。它涵盖了从采购材料和设备、运输、仓储、施工过程中的物流管理，以及相关的合作伙伴和供应商管理等方面。

　【知识与技能】

1. 供应链管理的组成

供应链管理包括采购管理、资源选择、智能物管和供应链金融，它们共同构成了供应链管理的重要组成部分，相互关联、相互支持，旨在实现供应

认识供应链管理

链的高效运作、降低成本、提升客户满意度和增强竞争力。

（1）采购管理：采购管理是供应链管理中的重要环节，涉及从供应商处购买所需的物资和服务。采购管理的目标是确保物资的准时供应、质量可靠和成本控制。它包括供应商选择、采购计划、采购订单管理、供应商评估等活动。

（2）资源选择：资源选择是指在供应链中选择适合的供应商和合作伙伴，以确保供应链的高效运作和优质服务。资源选择涉及评估供应商的能力、信誉和可靠性，选择合适的供应商来满足需求，并建立长期合作关系。

（3）智能物管：智能物管是利用物联网（IoT）、传感器、数据分析等技术来实现对物流和仓储过程的智能监控和管理。它可以实时追踪物流信息、优化仓储布局、提高物流效率、降低库存成本等，提升供应链的可视性和管理能力。

（4）供应链金融：供应链金融是通过金融工具和服务来支持供应链中的资金流动和交易。它包括供应链融资、结算和支付、风险管理等方面，目标是优化供应链中的资金流动，提高参与方的资金利用效率，降低融资成本，并增强供应链的稳定性和灵活性。它可以为供应链参与方提供更多的融资选择和工具，促进合作伙伴之间的信任和合作，从而改善整个供应链的运营效果。

2. 供应链管理的目标

供应链管理的目标主要包括以下几个方面：

（1）提高项目执行效率：通过优化供应链流程，协调各个环节和活动，以提高建设工程项目的执行效率。这包括减少物资等待时间、优化物资供应和分配、加快施工进度等方面的工作，以确保项目按时完成。

（2）降低成本和控制预算：供应链管理致力于降低建设工程项目的成本，包括采购成本、物流成本和仓储成本等。通过有效的供应链管理，可以实现材料和设备的合理采购、优化运输和仓储成本，以及减少浪费和损耗，从而控制项目预算。

（3）确保材料和设备及时供应：供应链管理的目标之一是确保建设工程项目所需的材料和设备能够及时供应到施工现场。这包括与供应商的紧密合作、供应链协调和物流管理等方面的工作，以满足项目进度要求。

（4）优化资源利用和减少浪费：供应链管理致力于优化建设工程项目的资源利用，包括材料、设备和劳动力等。通过减少库存浪费、合理规划和利用资源，优化施工流程，可以提高资源的利用效率，减少浪费。

（5）确保质量和满足客户需求：供应链管理在建设过程中还追求确保产品质量和满足客户需求。这包括建立供应商评估和质量控制机制、保证材料和设备的质量可靠性，以及根据客户需求进行供应链规划和管理，以提供满足客户期望的成果。

通过实现上述目标，建设工程的供应链管理可以提高项目执行效率、降低成本、优化资源利用、确保质量和满足客户需求，从而达到项目成功和利益最大化的目标。

3. 采购管理

在供应链管理中，采购管理是指企业为满足生产或运营需求而购买物资、产品或服务的过程和活动。采购管理旨在确保企业能够以最佳的成本、质量和交货时间获得所需的资源，以支持其业务运营。采购管理与供应链管理的目标一致，即通过优化采购过程，确保供应链的稳定性、效率和成本控制。采购管理包括以下关键方面：

（1）采购需求识别：确定企业需要购买的物资、产品或服务的种类、数量和质量标准。这通常是通过与内部部门进行沟通和了解业务需求来完成的。

（2）供应商选择：评估并选择合适的供应商，以满足企业的采购需求。供应商选择的依据可以包括价格、质量、交货能力、供应稳定性、服务水平等因素。

（3）采购谈判：与供应商进行谈判，以获得最优的采购条件和合同条款。谈判的目标包括价格协商、交货时间、质量保证、售后服务等方面的内容。

（4）订单管理：生成采购订单，并跟踪订单的执行情况。这包括确保供应商按时交货、处理订单变更请求、解决供应商供货问题等。

（5）供应商关系管理：与供应商建立并维护良好的合作关系。这包括与供应商定期沟通、解决问题、评估供应商绩效等，以确保供应链的稳定性和可靠性。

（6）采购成本控制：监控和控制采购成本，包括价格谈判、采购量优化、供应链效率改进等。目标是通过有效的采购管理实现成本节约和效益提升。

采购管理在供应链中起着重要的作用，它可以确保企业能够以适当的时间、成本和质量获得所需的资源，从而支持业务的顺利运营。

4. 资源选择

供应链管理中的资源可以包括物理资产（如设备、设施、库存等）、人力资源、技术和信息系统等。资源选择是供应链管理中的一个关键决策过程。资源选择的目标是确保企业能够以最佳的方式配置和利用资源，以满足供应链的要求，并支持企业的运营和业务目标。通过合理的资源选择，企业可以提高供应链的效率、灵活性和竞争力。资源选择涉及以下几个方面：

（1）物理资产选择：确定企业需要的设备、设施和库存水平。这包括选择合适的设备和设施，以满足生产或运营需求，并确保库存水平适当以支持供应链的运作。

（2）人力资源配置：确定和配置适当的人力资源以支持供应链的各个环节。这包括确定所需的人员数量、技能要求，并确保有足够的人力资源来执行供应链活动，如采购、生产计划、物流管理等。

（3）技术和信息系统选择：选择和实施适当的技术和信息系统来支持供应链管理。这可以包括企业资源规划（ERP）系统、供应链管理（SCM）软件、物流跟踪系统等。选择合适的技术和系统可以提高供应链的可见性、协调性和效率。

（4）合作伙伴选择：选择适合的合作伙伴来支持供应链的运作。这可以包括供应商、物流服务提供商等。合作伙伴的选择应基于其能力、可靠性、供应能力以及与企业的合作关系。

5. 智能物管

智能物管的关键特点是利用先进的技术和数据分析来提高仓储操作的效率、精确度和可视化程度。智能物管通过自动化操作、数据采集和分析、路径优化和资源调度等手段，来提高仓储操作的效率和准确性。

（1）自动化操作：智能物管利用自动化设备和系统，如自动拣选机器人、自动堆垛机等，实现仓储操作的自动化。这些设备可以减少人工操作，并提高物流操作的速度和准确性。

（2）数据采集和分析：通过物联网（IoT）技术和传感器，智能物管可以实时收集和监测仓库中的各种数据，如库存量、货物位置、温湿度等。这些数据可以用于实时监控和分析，以便更好地管理和优化仓储流程。

（3）路径优化和资源调度：智能物管利用数据分析和算法，优化货物的存储和拣选路径，以最小化行程时间和提高仓库空间利用率。此外，它可以帮助实现资源的合理调度，如人力资源、设备和车辆的分配和调度。

（4）实时可视化和追踪：通过智能物管系统，仓库操作可以实现实时可视化和追踪。管理人员可以通过系统监控仓库的运作状况，追踪货物的位置和状态，并及时进行调整和决策。

（5）预测和需求规划：智能物管系统可以通过数据分析和算法，预测库存需求、货物周转率等指标，以便进行合理的需求规划和库存管理。

6. 供应链金融

供应链金融是供应链管理中的一个重要领域，需要考虑供应链中的资金需求得到满足，同时降低资金风险。

供应链金融可以涵盖以下几个方面：

（1）供应商融资：通过供应链金融，供应商可以获得融资支持，以满足其运营和生产资金需求。供应商可以将其应收账款（或其他资产）作为担保，获得提前支付或短期融资，从而减轻现金流压力并支持其业务运营。

（2）采购融资：采购融资是指采购方（如制造商或分销商）通过供应链金融获得融资，以延长其付款期限或获取供应链贷款。这可以提供更大的灵活性和资金周转空间，同时也能够帮助采购方与供应商建立更紧密的合作关系。

（3）库存融资：库存融资是指基于库存资产的融资方式，帮助企业解决库存资金占用的问题。通过将库存作为抵押物或质押物，企业可以获得融资，以优化库存管理并释放资金用于其他用途。

（4）账期管理：供应链金融可以提供账期管理的服务，通过对供应链中的应收账款和应付账款进行管理和协调，帮助供应链参与方优化资金流动。这可以包括账期协调、账款结算和支付等方面的支持。

（5）风险管理：供应链金融也可以提供风险管理工具和服务，帮助供应链参与方降低供应链金融风险。这可以包括信用评估、供应链融资风险分散、供应链可见性和监控等方面的支持。

 【任务实施】

通过查阅资料，用自己的语言对供应链管理的组成内容和目标进行概要描述。

 【学习小结】

（1）供应链管理是指在建设工程项目中，协调和管理涉及材料、设备、劳动力和其他资源从供应商到施工现场的各个环节和活动的过程，包括采购管理、资源选择、智能物管和供应链金融。

（2）供应链管理的目标主要包括提高项目执行效率、降低成本和控制预算、确保材料和设备及时供应、优化资源利用和减少浪费、确保质量和满足客户需求。

任务 6.1.2　供应链管理平台

 【任务引入】

基于协同供应链管理的思想，供应链管理平台配合供应链中各实体的业务需求，使操作流程和信息系统紧密配合，做到各环节无缝链接，实现整体供应链可视化、管理信息化、整体利益最大化、管理成本最小化，从而提高总体水平。

 【知识与技能】

供应链管理平台，能连接企业全程供应链的各个环节，建立标准化的操作流程；各个管理模块可供相关业务对象独立操作，同时还可以通过供应链管理平台整合连通各个管理模块和供应链环节；降低库存水平，提高库存周转率，减少资金积压；实现协同化、一体化的供应链管理，全流程开放、透明、可控，实现供采之间双向迅速匹配，企业采购效率大幅提高。

供应链管理平台

供应链管理平台支持供应商和采购方之间的在线多样化询报价、招投标管理，基于供应链管理平台数据分析，全流程信息公开公正，实时询价比价，通过供应链管理平台直接创建电子合同形成采购订单，实现采购协同，精准筛选优质供应商，推进采购计划。

（1）询报价：供应链管理平台在线询报价功能支持是否密封报价、多轮询比价、价格智能比对分析等，供应链管理平台帮助买方实现供应链采购的高效协同。

（2）招投标：供应链管理平台支持普通报价、密封报价、代理等不同招投标方式，可记录招投标过程中的各类附件信息，使得招投标过程在供应链管理平台中能有完整的记录，便于进行企业查询和分析，如图6-1-1所示。

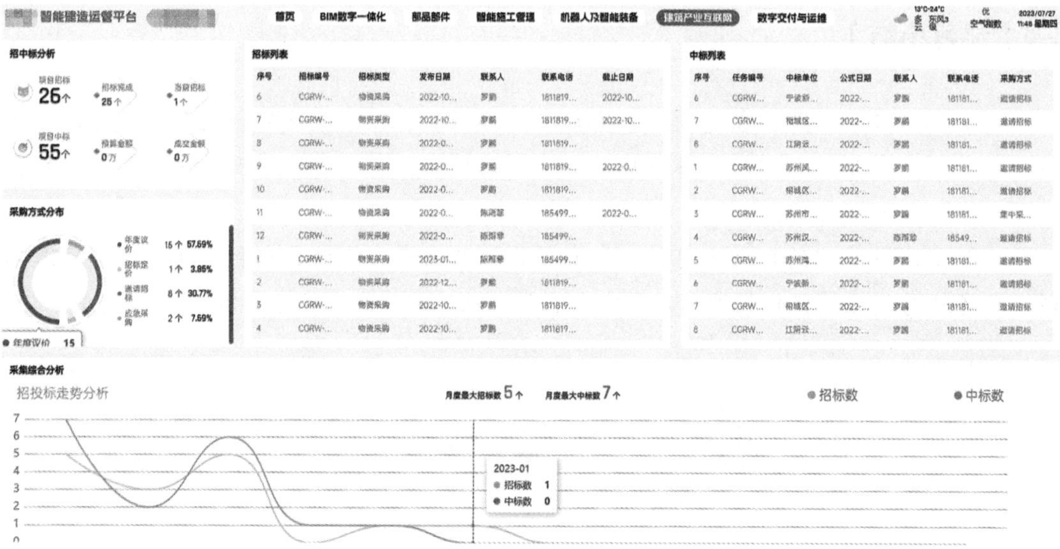

图 6-1-1 招投标管理

（3）竞价：供应链管理平台支持竞价和拍卖等竞价形式，供应商之间相互竞价，还价历史清晰可查，实时查看价格趋势，了解竞价动态，支持修改报价。

（4）电子合同：供应链管理平台可帮助建筑建材企业自动创建电子合同，为企业提供电子合同模板、电子签章，实现采购协同。

（5）大数据管理：供应链管理平台集成大数据分析，支持在采购评标过程中按项目检索进行投标人风险分析，一键生成项目风险报告，数字化供应链管理平台可辅助专家评审，规避采购风险。

应用供应链管理平台优化企业采购流程，改善企业与供应商的关系管理机制，形成一体化、完善的业务流程支撑体系，实现供应链全过程可视化、可共享、可控、可衡量，提升供应链整体协作效率、降低供应链整体沟通成本、提高整体风险管控能力。

供应链管理平台，还能够对构件的订单信息进行统一展示，包含订单总数、已交付和到期未交付，如图6-1-2所示。系统支持根据项目进度自动进行构件科学生产排

首页	BIM数字一体化	**部品部件**	智能施工管理	机器人及智能装备	建筑产业互联网	数字交付与运维				

· 部件订单管理

订单管理

请选择时间

自定义时-自定义时	
2023.07	3个
2023.06	4个
2023.05	2个
2023.04	1个
2023.03	3个

订单总数 **10**个　已交付 **4**个　到期未交付 **0**个

订单状态(全部)　楼栋(全部)　请输入订单编号　　　　　　+新增申请

序号	订单状态	订单编号	制单时间	关联模型	订单需求	期望交付时间	实际交付时间	订单备注	操作
1	生产中	DD20230...	2023-06-...	组团五1#...	3239	2023-06-30			查看订单
2	生产中	DD20230...	2023-06-...	组团五1#...	239	2023-07-28			查看订单
3	生产中	DD20230...	2023-06-...	组团五1#...	3239	2023-07-31			查看订单
4	生产中	DD20230...	2023-06-...	组团五1#...	136	2023-07-31			查看订单
5	生成订单	DD20230...	2023-05-...	组团四3#...	72	2023-05-31			查看订单 确认需求
6	交付完成	DD20230...	2023-03-...	组团四2#-...	5	2023-03-14	2023-03-14	组团四2#...	查看订单
7	交付完成	DD20230...	2023-03-...	组团五2#-...	72	2023-05-31	2023-03-28	5层订单	查看订单
8	生产中	DD20230...	2023-03-...	组团五2#-...	72	2023-04-30		4层订单	查看订单
9	交付完成	DD20230...	2023-03-...	组团五2#-...	72	2023-03-31	2023-03-12	3层订单	查看订单
10	交付完成	DD20230...	2023-03-...	组团五2#-...	72	2023-03-10	2023-03-09	2层订单	查看订单

图 6-1-2　订单管控

期，并对厂商发货运输信息进行精细管理，提高构件进场效率，解决盘点构件延期等问题。

根据后台业务系统产生的业务数据和接入数据，系统能够对数据进行智能研判分析，形成部品部件数字驾驶舱。管理员能够对订单信息、构件订单、楼栋信息、制单趋势、接单趋势、交付趋势、供应商信息、供应商生产监控、供应商交付信息进行一屏总览，其中项目构件运作数据支持多终端查看。

供应链管理平台的租赁模块，还能够进行租赁计划和租赁合同的管理。租赁计划是租赁名称、项目名称、日期、用途，租赁明细填写租赁物品、规格型号、单位、数量、计划进场时间、计划退场时间、租赁天数的管理；租赁合同是把与供应商商谈的最终的租赁合同提交公司审批，审批通过后保存租赁合同文件。

 【任务实施】

通过行业企业调研，了解市场上的建筑业供应链管理平台，并以某个平台举例说说供应链管理平台的价值。

 【学习小结】

（1）供应链管理平台，能连接企业全程供应链的各个环节；各个管理模块可独立操作，也可整合连通，降低库存水平；实现协同化、一体化的供应链管理。

（2）供应链管理平台支持供应商和采购方之间的在线多样化询报价、招投标、竞价、创建电子合同、大数据管理，精准筛选优质供应商，推进采购计划。

（3）供应链管理平台，还能够对构件的订单信息进行统一展示，并进行租赁计划和租赁合同的管理。

知识拓展

在建筑工程领域，材料成本占工程成本 50%~70%，而混凝土、钢材等大宗主材成本又占整体材料成本 70%~90%，因此，控住材料成本尤其是大宗材料成本是项目节本增益的重点工作。

某公司数字智能物料解决方案，实现物资进出场全方位精益管理，运用物联网技术，通过地磅周边硬件智能监控作弊行为，自动采集精准数据；运用数据集成和云计算技术，及时掌握一手数据，有效积累、保值、增值物料数据资产；运用互联网和大数据技术，多项目数据监测，全维度智能分析；运用移动互联技术，随时随地掌控现场、识别风险，零距离集约管控、可视化决策，如图 6-1-3 所示。

关键技术分析包括现场验收、磅单自动生成、移动收发、卸料入库、材料做账、数据分析。

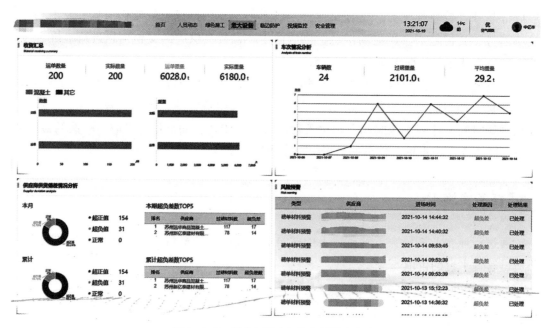

图 6-1-3 某公司数字智能物料解决方案

习题与思考

一、填空题

1. 供应链管理包括_____、_____、_____和_____，它们共同构成了供应链管理的重要组成部分。

2. 在供应链管理中，_____是指企业为满足生产或运营需求而购买物资、产品或服务的过程和活动。

3. 供应链管理的目标主要包括提高_____、降低_____、确保_____、优化资源利用和减少浪费、确保质量和满足客户需求。

4. _____支持供应商和采购方之间的在线多样化询报价、招投标管理。

习题参考答案

二、简答题

1. 供应链管理包括哪些组成内容？其目标是什么？

2. 供应链管理平台的价值是什么？

三、讨论题

1. 自行搜集相关资料，说一说智能物管的前沿技术。

2. 用身边的例子说说您对供应链管理的理解。

项目 6.2　施工材料与机械设备管理

教学目标 📖

一、知识目标

1. 了解施工材料管理、机械管理的规定和要求；

2. 掌握施工材料管理、机械设备管理的内容和关键方面。

二、能力目标

1. 能说明施工材料和机械设备管理的规定和功能要求；

2. 能举例说明常见的施工材料管理系统和其具体应用；

3. 能举例说明常见的施工机械设备管理系统和其具体应用。

三、素养目标

1. 具有良好的沟通交流能力和团队协作能力；

2. 具有细致严谨、精准规范的工匠精神。

学习任务 🖥

　　了解施工材料管理和机械管理的规定和要求、内容和关键方面，熟悉常见的施工材料管理系统、机械设备管理系统的应用功能和其具体应用。

建议学时 ⊡

　　4 学时

思维导图

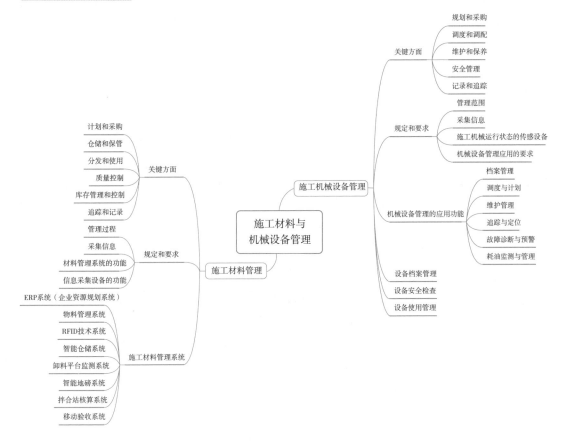

任务 6.2.1　施工材料管理

 【任务引入】

　　施工材料管理是指在建设工程项目中，对使用的各类材料进行有效的规划、采购、控制、使用和监督的过程。它涵盖了对施工过程中所需的原材料、成品材料和辅助材料等全面管理。

施工材料管理

 【知识与技能】

1. 施工材料管理的目标和关键方面

　　施工材料管理的主要目标是确保项目顺利进行并按时完成，同时控制和优化成本、提高施工质量，以及避免浪费和损失。

施工材料管理包括如下关键方面：

（1）计划和采购：根据施工进度和需求，制定材料计划，明确所需材料的种类、数量和质量要求，然后进行供应商选择、材料价格谈判、合同签订等工作，以确保及时获得所需材料。

（2）仓储和保管：对采购到的材料进行合理的仓储和保管，包括妥善的存放、分类、标识和记录。这有助于确保材料的完整性和质量，并提高材料的查找和使用效率。

（3）分发和使用：按照施工进度和需要，及时将材料分发到相应的施工现场，并确保合理的使用和消耗。这需要有效的协调和沟通，以避免材料的浪费、短缺或错误使用。

（4）质量控制：进行材料的质量检验和验收，确保所采购的材料符合规定的质量标准和要求。这包括从供应商选择开始的质量控制，以及在材料使用过程中的监督和抽样检测。

（5）库存管理和控制：监控和管理施工材料的库存水平，避免过高或过低的库存。通过合理的库存管理，可以减少资金占用、降低损失和浪费，并确保及时供应。

（6）追踪和记录：建立有效的材料追踪和记录系统，跟踪材料的来源、进出库情况、使用情况和消耗量等信息。这有助于掌握材料的实时状态，并为项目的结算、报告和追溯提供依据。

通过有效的施工材料管理，可以确保项目的材料供应和使用的高效性、准确性和可控性，从而提高施工效率、质量和经济效益。

2. 施工材料管理的规定和要求

施工材料管理应实现对建筑物资从进场、使用到剩余物资退还的全过程管理，通过智慧工地平台材料管理系统的应用，实现物资信息共享、业务过程追溯、物资自动核算、物料损耗预测等。

施工材料管理过程应包括但不限于：进场验收、入库、出库、调拨、跟踪、退还、台账管理等。

施工材料管理采集信息宜包括：供应单位、生产单位、检验报告、产品合格证、质量证明书、进场日期、进场数量、使用部位、见证取样日期、复试结果等。

当库存量不满足生产需求时，材料管理系统应提示。

材料管理系统宜对下列数据进行统计分析：物料基础信息、出入库信息。

材料管理数据信息宜保存至工程竣工，可采用本地或云存储方式。

材料管理系统应具备出入库管理、使用管理、库存管理等功能。

材料管理系统应具备在移动端、PC 端管理物料信息的功能。

材料管理信息采集设备应具备自动读取、识别、记录、连接远程数据库、实时上传数据等功能。

装配式构件基本信息宜通过二维码、RFID 技术或访问其他管理系统采集。

材料管理的内容宜符合下列规定，见表 6-2-1。

施工材料管理的内容 表 6-2-1

序号	项目	内容
1	基本信息	编号、名称、材料分类、规格型号、计量单位、计费单位、生产厂家、产地、品牌、质量等级、质量标准、技术特性、材料类别（工程材料、周转材料）、供货商名称、供货价格、税率、供货开始时间、供货结束时间、供货数量、结算方式、合同编号
2	出厂信息	出厂时间、供应数量、合格证书、铭牌
3	运输信息	材料单号、运输轨迹、车牌号、到场时间
4	进场验收信息	验收人员、见证人员、验收结论、退货数量、计划数量、实称数量、运输车辆皮重
5	出库信息	领用人、领用时间、领用数量、领用数量限额、实际消耗数量、回收数量、审核人、使用部位
6	盘点信息	盘点时间、仓库位置、单位、库存数量、是否废料
7	使用信息	工序名称、班组、使用部位
8	结算信息	预算价格、租赁价格、租赁时间、数量、结算价格、成本科目

施工材料管理系统的功能应满足以下要求：①宜采集、记录和查询材料物资的供应企业、出厂检验、运输到场等信息；②应管理材料物资采购计划；③应管理材料物资租赁和结算；④宜评价材料物资采购。

入库管理功能应满足以下功能要求：①宜查询和归档入库材料物资的检测报告、见证取样及相关有效性能验证信息；②宜采集物联网智能数据；③宜分析材料物资基本信息和出厂信息；④宜采用物联网技术标识材料物资；⑤应建立入库材料物资档案。

出库管理功能应满足以下功能要求：①应记录领料人信息；②应建立出库材料物资档案。

使用管理功能应满足以下功能要求：①当进入施工现场的主要材料及实体检测不合格时可预警、提示，并将信息实时提供给相关责任人；②可记录废料处置情况；③宜将周转材料物资信息进行工地之间共享；④宜查询主体结构及机电安装用材料物资的现场位置和使用部位信息。

库存管理功能应满足以下功能要求：①应查询和分析材料物资库存，并具备预警和提示功能；②应分析材料物资领用情况。

3. 施工材料管理系统

在施工行业中，常见的施工材料管理系统包括 ERP 系统（企业资源规划系统）、物料管理系统、RFID 技术系统、智能仓储系统、卸料平台监测系统、智能地磅系统、拌合站核算系统和移动验收系统等。

（1）ERP 系统（企业资源规划系统）：ERP 系统是一个综合性的管理系统，可以用于整个施工项目的物资管理、采购管理、库存管理和财务管理等方面。它能够整合各个部门的数据和流程，实现信息的共享和协调，提高施工材料管理的效率和准确性。

（2）物料管理系统：物料管理系统专注于施工项目中物资的采购、入库、出库和库存管理等方面。它可以实时跟踪物料的流动和库存情况，提供准确的库存信息和物料需求预测，帮助施工单位做出及时的采购决策，避免物资短缺或过剩的情况发生。

（3）RFID技术系统：射频识别（RFID）技术系统利用电子标签和读写设备，实现对施工材料的自动识别和跟踪。通过在物料上附加电子标签，可以实时监控物料的位置、状态和流动路径，提高施工材料的可视化管理和追踪能力，减少人工操作和错误。

（4）智能仓储系统：智能仓储系统利用自动化设备和仓储管理软件，实现对施工材料的自动化存储、检索和分拣。它可以提高仓库操作的效率和准确性，减少人力成本和物料损耗，同时提供实时的库存信息和报表分析。

（5）卸料平台监测系统：用于监测和管理施工现场卸料平台操作的系统。在施工项目中，卸料平台是用于卸载和储存施工材料的场所，卸料平台监测系统可以帮助施工单位实时监测和管理卸料平台的使用情况，以提高施工材料管理的效率和安全性。

（6）智能地磅系统：一种用于测量和记录物料重量的系统，在施工项目中被广泛应用于材料的进出场管理和库存控制。

（7）拌合站核算系统：一种用于管理和核算拌合站生产和消耗的系统，广泛应用于施工项目中的混凝土、沥青等材料的生产和使用过程。

（8）移动验收系统：可以在移动设备上安装，为施工人员提供方便的施工材料管理工具。通过移动终端，施工人员可以实时查看物料需求、提交采购申请、录入出库入库信息等，提高施工现场的管理效率和准确性。

4. 物料管理系统

物料管理系统在施工项目中的应用可以帮助实现物料采购、入库、出库和库存管理的自动化和规范化，提高施工物料管理的效率、准确性和可视化程度，具体来说，物料管理系统可以应用于以下方面：

（1）采购管理：物料管理系统可以实现对采购流程的自动化管理。施工单位可以通过系统提交采购申请，包括物料的种类、数量、要求的交付时间等信息。系统可以自动生成采购订单，并与供应商进行电子化的沟通和交互，确保采购过程的准确性和及时性。

（2）入库管理：物料管理系统可以追踪和记录物料的入库过程。施工单位可以通过系统扫描物料的条码或RFID标签，将物料信息录入系统，并自动生成入库单据和库存记录。这样可以实时掌握物料的库存情况，并确保物料的准确入库。

（3）出库管理：物料管理系统可以帮助管理物料的出库过程。施工单位可以通过系统查询和确认物料的出库需求，并生成出库单据。系统可以自动更新库存信息，并记录物料的出库时间和归还时间，确保物料的及时供应和准确归还。

（4）库存管理：物料管理系统可以实现对物料库存的实时跟踪和管理。系统可以提供库存报表和统计分析，帮助施工单位了解物料库存的数量、位置和价值等信息。这有助于合理规划物料的采购和使用，避免物料短缺或过剩的情况发生。

（5）物料追溯：物料管理系统可以实现对物料的追溯管理。通过系统记录物料的批次、供应商、质检报告等信息，可以追踪物料的来源和流向。在施工过程中，如果发生物料质量问题，可以通过系统追溯到具体的物料批次和供应商，采取相应的措施。

（6）报表和分析：物料管理系统可以生成各种报表和分析，帮助施工单位进行物料管理的评估和决策。例如，可以生成库存报表、采购分析报告、物料消耗趋势分析等，以支持施工单位进行成本控制、供应链优化和决策制定。

5. RFID 技术系统

RFID 技术系统在施工项目中的应用可以实现物资的自动识别、追踪和管理，提高物资管理的准确性、效率和可视化程度。它可以帮助施工单位实现库存管理、出入库管理、施工进度管理和物资追溯与质量控制等方面的优化和改进。

通过将 RFID 标签附加在物资上，可以实现物资的自动识别和追踪。RFID 读写器可以读取标签上的信息，包括物资的名称、规格、数量等。施工单位可以使用 RFID 技术系统记录物资的进出、存放位置和状态变化等信息，实时掌握物资的位置和使用情况，提高物资管理的可视化和准确性。

在施工现场安装 RFID 读写器，可以实时监测和记录物资的使用情况。当物资被用于施工时，RFID 技术系统可以自动识别并记录使用的物资和用量。这有助于跟踪施工进度，及时了解物资消耗情况，并进行进度预测和调整。

6. 智能仓储系统

智能仓储系统在施工项目中的应用可以实现物资的自动化存储和检索、优化仓库布局、提高库存管理和盘点效率、自动化订单拣货和配送，以及数据管理与分析等功能。它可以提高仓库操作的效率、准确性和可视化程度，优化物资管理流程，提高施工项目的运作效率。

（1）自动化存储与检索：智能仓储系统利用自动化设备，如自动堆垛机、输送线和机械臂等，实现施工物资的自动存储和检索。物资进入仓库后，自动化设备可以根据系统指令将物资按照规定的位置存放到仓库中，而在需要使用物资时，系统也能够自动调用设备将物资准确地检索出来。

（2）仓库布局与优化：智能仓储系统可以通过对物资的属性、尺寸和使用频率等信息进行分析，优化仓库的布局和存放策略。通过合理的规划和管理，可以减少物资的存储空间占用，提高仓库的存储容量和利用率。同时，仓库的布局也可以考虑物资的流程和工序，使物资的存储和检索更加高效和便捷。

（3）库存管理与盘点：智能仓储系统可以实时跟踪和管理物资的库存情况。通过系统记录物资的进出、存储位置和数量等信息，可以提供实时的库存报表和预警。在进行库存盘点时，系统可以辅助进行自动或半自动的盘点工作，减少人工操作和时间成本，提高盘点的准确性和效率。

（4）订单拣货与配送：智能仓储系统可以根据订单信息自动进行拣货和配送。通过系统的指令，自动化设备可以自动拣选所需的物资，并将其按照订单要求进行配送。这样可以大大提高订单处理的速度和准确性，减少人工操作和错误。

（5）数据管理与分析：智能仓储系统可以实时记录和管理物资的相关数据，并提供数据分析和报表。通过对物资流动、库存变动和仓库运作的数据分析，可以获取仓库运作的关键指标和趋势，帮助施工单位进行决策和改进，提高物资管理的效率和成本控制能力。

7.卸料平台监测系统

通过卸料平台监测系统自动监测载物实时重量，施工单位可以实时了解卸料平台的使用情况，包括物料的堆放情况、使用量、库存情况等，如图6-2-1、图6-2-2所示。这有助于施工单位进行物资管理的决策和调整，提高施工材料的供应链管理效率，减少材料浪费。

卸料平台监测系统通常包括以下功能：

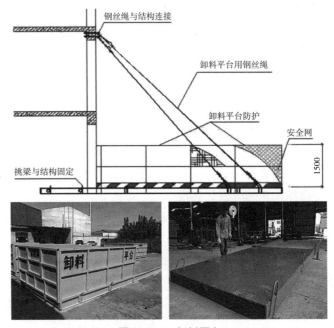

图6-2-1　卸料平台

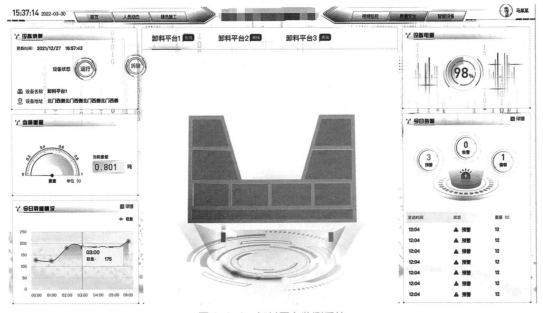

图6-2-2　卸料平台监测系统

（1）实时监测：系统可以通过传感器或摄像头等设备，实时监测卸料平台的状态和使用情况。例如，可以监测平台上的物料堆放情况、材料的类型和数量等。

（2）数据记录与分析：系统可以记录卸料平台的使用数据，并进行数据分析和报表生成。这样可以提供有关材料使用情况、平台利用率和库存变化等关键指标和报告。

（3）预警与管理：系统可以设置预警机制，当卸料平台发生异常或达到预设的警戒值时，自动发出警报或通知相关人员。施工单位可以及时采取措施，保证卸料平台的安全和顺畅运作。

（4）权限管理：系统可以设置权限，限制只有授权人员才能访问和操作卸料平台监测系统，这样可以确保数据的安全性和系统的正常运行。

8. 智能地磅系统

智能地磅系统可以实现对施工材料重量的准确测量和管理。这有助于控制材料的进出场流程、减少误差和纠纷，同时提高材料的库存管理和成本控制效率。此外，系统的预警功能可以帮助施工单位及时发现潜在问题，确保施工材料的安全性和质量。

智能地磅系统整体上应符合下列规定：①当存在大宗物资进出场验收进行管理时，应采用智能地磅系统；②设备采购时，应选择具备相应资质，并且社会口碑较好的厂商；③设备进场前，应检查设备的合格证书。

智能地磅系统管理应符合下列规定：①当存在大宗称重物资进出场时，应采用智能地磅系统进行验收管理；②应通过权限设置区分不同岗位人员权限，明确管理范围，实现各司其职的权限划分机制，宜采用电子签名、实名认证方式设置人员管理权限，发生问题时可及时追溯、责任到人；③应按要求扣水、扣杂，避免材料进场损失；④应合理设定预警值，发生问题即时触发预警，推送至相关岗位、权限人；⑤应以日、周、月、年为统计维度按需求导出物资一览表，用于相关管理工作。

智能地磅系统使用及维护应符合下列规定：①宜将数据上传到云端智能地磅系统进行综合分析管理，建立电子档案，同时应定期将数据进行备份保存；②设备进场后应进行硬件的调校工作。

智能地磅系统包括如下功能，如图 6-2-3 所示：

（1）重量测量：系统通过智能地磅设备，可以准确测量施工材料的重量。当物料装载到地磅上时，系统会自动记录并显示物料的重量信息。

（2）数据记录与管理：智能地磅系统可以将测量的数据记录下来，并与施工材料管理系统进行数据交互和管理。这样可以实时更新材料的进出场信息、库存数量和重量等。

（3）预警与控制：系统可以设置预设的重量范围或阈值，当材料的重量超出范围时，系统会自动发出警报或通知相关人员。这有助于及时发现异常情况，例如材料的丢失、浪费或盗窃等，并采取相应的措施进行处理和控制。

（4）数据分析与报表：系统可以对测量数据进行分析和报表生成，提供关于材料重量的统计数据和趋势分析。这有助于施工单位了解材料的消耗情况、使用效率和成本

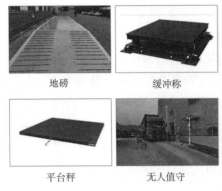

地磅　　　　　　缓冲称

平台秤　　　　　　无人值守

图 6-2-3　智能地磅系统

控制，并作出相应的管理决策。

9.拌合站核算系统

拌合站核算系统的应用可以帮助施工单位实时监控和管理拌合站的生产过程，准确记录材料的消耗情况，提高生产效率和质量控制。通过系统的数据分析和报表功能，施工单位可以了解拌合站的生产成本、材料消耗情况，从而优化生产过程、控制成本，并做出合理的决策。

拌合站核算系统整体上应符合下列规定：①当项目存在自建搅拌站系统时应使用拌合站核算系统；②设备采购时，应选择具备相应资质，并且社会口碑较好的厂商；③设备进场前，应检查设备的合格证书。

拌合站核算系统通常包括以下功能：

（1）生产管理：系统可以对拌合站的生产过程进行管理和监控。它可以记录拌合站的生产批次、生产时间、生产量等信息，并提供实时的生产监控界面，方便操作人员对拌合站进行控制和调整。

（2）材料消耗核算：系统可以记录和核算拌合站消耗的各种材料，如水泥、骨料、沥青等。通过对材料消耗的记录和统计分析，可以了解材料的使用情况和消耗量，帮助施工单位进行成本控制和物资管理。

（3）质量管理：拌合站核算系统可以关联质量管理系统，记录和管理拌合站生产过程中的质量数据，如材料检测报告、质量指标等。这有助于确保生产出的材料符合相关的质量要求和标准。

（4）成本核算与报表：系统可以进行成本核算和报表生成，根据生产数据和材料消耗情况计算拌合站的生产成本。通过报表，可以提供有关生产成本、材料消耗、生产效率等方面的统计数据和分析，帮助施工单位进行成本控制和决策。

拌合站核算系统管理应符合下列规定：①应确保搅拌站网络通信顺畅；②该系统宜与智能地磅系统联合使用；③合理设定预警值，当出现报警时，应及时分析问题；④宜建立电子档案，及时导出各类台账，并进行成本分析。

10. 移动验收系统

移动验收系统的应用可以简化施工材料验收的流程，提高验收的准确性和效率。移动设备的便携性使得施工人员可以在现场实时进行验收，避免了传统纸质记录的繁琐和延迟。同时，数据同步功能使得相关人员可以随时了解验收情况，做出及时的决策和调整。

移动验收系统整体上应符合下列规定：①非称重材料的现场验收应采用移动验收系统；②验收员在移动验收系统完成验收时，应上传有效的电子文件、照片，并使用电子签名签署电子验收单；③设备采购时，应选择具备相应资质，并且社会口碑较好的厂商；④设备进场前，应检查设备的合格证书。

移动验收系统通常具有以下功能：

（1）材料验收：施工人员可以使用移动设备对送货的施工材料进行验收。通过系统中的界面，可以输入相关的验收信息，如材料名称、规格、数量、质量状况等。系统还可以提供拍照功能，用于记录材料的外观和质量状况。

（2）实时数据同步：移动验收系统可以与后台的施工材料管理系统进行数据同步，确保验收信息的及时更新和共享。这样，施工单位的相关人员可以实时了解材料的验收情况和库存变动。

（3）材料追溯：移动验收系统可以记录材料的追溯信息，如供应商信息、生产批次、质检报告等。这有助于追溯材料的来源和质量信息，在发生问题时可以更快地进行追查和处理。

（4）验收报表与记录：系统可以生成验收报表和记录，包括材料的验收清单、验收日期和验收人员等信息。这方便施工单位进行后期的审计和统计分析，提高材料管理的可追溯性和准确性。

系统正式启用前应将手签章录入。移动验收系统宜将数据上传到云端移动验收系统进行综合分析管理，同时应定期将数据进行备份保存。

 【任务实施】

通过查阅资料和行业企业调研，用自己的语言说明施工材料管理的目标、规定和要求，并谈谈施工行业中常见的施工材料管理系统和其具体应用。

 【学习小结】

（1）施工材料管理的目标包括材料计划和采购、材料仓储和保管、材料分发和使用、材料质量控制、库存管理和控制、材料追踪和记录。

（2）施工材料管理过程应包括但不限于：进场验收、入库、出库、调拨、跟踪、退还、台账管理等。

（3）常见的施工材料管理系统包括 ERP 系统（企业资源规划系统）、物料管理系统、RFID 技术系统、智能仓储系统、卸料平台监测系统、智能地磅系统、拌合站核算系统和移动验收系统等。

任务 6.2.2　施工机械设备管理

 【任务引入】

施工机械设备使用应严格执行施工设备规范和操作规程，通过智慧工地平台机械设备管理系统应用，实现设备状态实时感知、违规操作实时预警、检查维护实时跟踪、运行风险实时控制等。

 【知识与技能】

1. 施工机械设备管理的目标和关键方面

施工机械设备管理是指在建设工程项目中，对所使用的各类施工机械设备进行有效的规划、采购、调度、维护和监督的过程。它涵盖了对施工过程中所需的各种机械设备的全面管理。

施工机械设备
管理

施工机械设备管理的主要目标是确保项目的顺利进行并按时完成，同时控制和优化成本、提高施工效率和质量，以及确保施工机械设备的安全和可靠运行。

施工机械设备管理包括如下关键方面：

（1）规划和采购：根据项目需求和施工计划，制定机械设备规划，并进行设备采购。这包括评估所需设备的类型、数量、规格和性能要求，进行供应商选择、设备价格谈判、合同签订等工作，以确保及时获得合适的设备。

（2）调度和调配：根据施工进度和需求，合理安排和调度机械设备的使用。这包括确定设备的使用时间、地点和任务，并进行设备调配和协调，以确保设备的高效利用和任务的顺利完成。

（3）维护和保养：对施工机械设备进行定期的维护和保养，包括清洁、润滑、检查和更换磨损部件等。这有助于保持设备的正常运行和延长设备的使用寿命，同时减少故障和停机时间。

（4）安全管理：确保施工机械设备的安全操作和使用。这包括培训操作人员、制定安全操作规程、定期进行安全检查和维修，以及采取必要的安全措施和防护措施，保障施工人员和设备的安全。

（5）记录和追踪：建立有效的设备记录和追踪系统，记录设备的来源、使用情况、维修记录和费用等信息。这有助于跟踪设备的状态和性能，及时进行维护和更新，并为项目的结算、报告和追溯提供依据。

通过有效的施工机械设备管理，可以确保项目的设备供应和使用的高效性、准确性和可控性，从而提高施工效率、质量和安全，并降低设备维护成本和故障风险。

2. 施工机械设备管理的规定和要求

机械设备管理范围应包含但不限于：自有和租赁的工程机械、大型机械、特种机械等，重点针对设备的安装、运行与维保、拆除等过程。

智慧工地平台设备管理系统采集信息应包括但不限于：规格、型号、生产厂家、合格证、有效年限内的检测报告、产权单位及拆装单位的资质证明、机械设备备案证明、使用说明书、保养记录、租赁信息、操作规程等内容等设备基本信息；设备监控定位；设备实时运行记录；设备预报警记录；设备检查与维护信息；设备作业人员及作业记录等。

机械设备运行状态监控应加装记录施工机械运行状态的传感设备，包括但不限于：负载、稳定、运行轨迹、运行速度、能耗等传感设备。需特种作业人员操作的设备应加装相应的身份识别装置，实时采集操作人员信息。

机械设备管理应用应符合表 6-2-1 的要求，且留有扩展接口，满足功能扩展的需要。

机械设备管理应用的要求 表 6-2-1

序号	功能	建设内容	基本项	可选项
1	设备基本信息管理	具备统一编码、设备台账、生成二维码或其他快捷唯一标识的电子标签功能； 具备检索、统计、分析功能； 具备设备台账功能	√	—
2	设备维护保养及检查管理	具有建立维护保养计划和记录维护保养信息的功能； 具备预警及信息推送主要关系人的功能； 具备数据检索、统计分析、生成运行报告及处置功能	√	—
3	设备安全监控管理	具备机械设备运行数控与实时监测、控制功能； 具备对操作人员的生物识别管理功能； 具备图形化实时同步机械运行数据展示功能； 具备自动记录运行数据及告警数据功能； 具备监测数据实时无线传输能力； 具备数据统计、分析、检索功能； 具备生成机械运行报告及问题处置功能； 具备声光报警功能； 具备设备工效分析功能	√	—
4	重点施工机械定位管理	通过传感器以及其他硬件设备定位数据与 GIS 信息关联； 对可移动设备进行轨迹记录，将设备的位置在 BIM 中标注； 移动端可以实时查看定位信息	—	√

序号	功能	建设内容	基本项	可选项
5	车辆识别和调度管理	通过平台实时监控车辆管理情况,杜绝外来车辆驶入工地现场,规范施工车辆,减少财务损失,避免安全事故	—	√
6	塔式起重机安全监控管理	具备塔式起重机设备运行数据实时监测、控制功能; 具备群塔作业防碰撞监测及预警、控制功能; 具备对操作人员的生物识别管理功能; 具备图形化实时同步塔式起重机运行数据展示功能; 具备自动记录运行数据及预警数据功能; 具备吊钩可视化功能	—	√
7	升降机安全监控管理	具备升降机运行数据实时监测、控制功能; 具备操作人员的生物识别管理功能; 具备图形化实时同步升降机运行数据展示功能; 具备自动记录运行数据及预警数据功能; 具备乘坐人数识别功能	—	√
8	租赁管理	支持设备租赁招投标全流程的线上化; 支持供应商认证及审核、建立合格供应商库、供应商黑白名单管理; 支持需求发布、竞标、定标、废标、合同签订及审批、租赁结算和单机成本核算	—	√
9	进退场管理	支持对不同来源(包括自有设备、租赁设备、外协设备等)进行管理; 支持对设备制造信息、发动机系统、油箱参数、进场信息、设备照片、证件照片、使用情况进行线上管理,形成台账; 支持机械二维码的唯一性,通过扫描二维码可获取机械信息卡; 支持设备列表和设备总体情况的可视化呈现; 支持项目列表和项目总体情况的可视化呈现; 支持设备的考勤打卡、考勤统计	—	√
10	地图监测	支持实时定位,并能够精确显示设备位置信息,具备导航到设备所在位置的功能; 支持多边形、圆形、路线、工点等多种电子围栏; 支持设备的运行轨迹回放,对异常进出围栏的情况发出报警	—	√
11	工时台班监测	支持对设备运行、怠速、静止的状态及时长进行精准识别和可视化呈现; 对持续怠速和长时间闲置发出报警; 支持工时的统计和分析; 支持定义工作班次,并对班次工时进行统计和分析; 支持单机维度、设备类型维度、项目维度的设备利用率分析; 支持台班签证单的线上审批	—	√
12	运输车辆监测	支持对运输趟数、里程的统计和分析; 支持对路线偏离、超速行驶发出报警; 支持对车辆保险异常、证照异常发出报警; 支持对混凝土搅拌车在非指定区域卸料发出报警	—	√

3. 施工机械设备管理的应用功能

施工机械设备管理系统可以帮助施工单位实现对机械设备的全面管理和监控,提高设备的利用率、维护效率和成本控制能力。同时,通过系统的数据分析和报表功能,施工单位可以获取有关设备使用情况、维修成本、故障率等方面的数据,做出更加科学的设备管理决策。

常见的施工机械设备管理应用包括设备档案管理系统、调度与计划系统、维护管理系统、追踪与定位系统、故障诊断与预警系统、耗油监测与管理系统等。

（1）档案管理：用于建立和管理施工机械设备的档案信息，包括设备型号、规格、技术参数、购买日期、保养记录等。该系统可以对设备进行全面的信息管理和查询。

（2）调度与计划：用于管理施工机械设备的调度和使用计划。通过该系统，可以对设备进行排班、预约、分配和调度，确保设备的合理利用和高效运行。

（3）维护管理：用于设备的维护计划和维修记录管理。该系统可以跟踪设备的维护周期，提醒维护任务，记录维修历史和成本，以保持设备的正常运行和延长使用寿命。

（4）追踪与定位：利用卫星定位技术，对施工机械设备进行实时追踪和监控。该系统可以提供设备的位置信息、运行状态、工作时长等，有助于提高设备的安全性和管理效率。

（5）故障诊断与预警：通过传感器和数据分析技术，对施工机械设备进行实时监测和故障诊断。该系统可以提供设备的运行状况、故障预警和异常报警，帮助及时发现和解决设备问题，避免停机和损失。

（6）耗油监测与管理：用于监测和管理施工机械设备的燃油消耗情况。该系统可以记录设备的燃油使用量、油耗率、加油记录等信息，帮助控制燃油成本和优化设备的燃油利用效率。

4. 设备档案管理

当存在多种设备以及集群作业时，设备档案管理宜采用信息化手段。

应记录进出场设备名称、设备型号、进场时间、退场时间、机操人员、设备类型、品牌型号、生产厂家、合格证、有效年限内的检测报告、使用说明书、保养记录、设备来源、设备照片、操作规程等内容。记录方式宜采用电子文件、电子单据等方式。

设备档案管理使用及维护应符合下列规定：①通过进场记录建设设备使用库；②应及时导出统计签证单，便于出租方结算。

5. 设备安全检查

设备安全检查整体上应符合下列原则：①宜采用电子文件、电子单据等方式建立电子档案，通过智慧工地平台记录设备检查、维护、保养过程；②宜通过 AI 监测，监测大型设备的各种指针类仪表，如电压表、压力表、温度表、流量表等，转化为数值上传，并进行阈值预警。

设备安全检查管理应符合下列规定：①应在系统中针对不同种类和不同工况下的设备制定安全检查表；②应通过权限设定，设立不同层级的安全自检、报验和他检制度；③应通过系统设定，区分进场安全检查和过程安全检查；④应在系统设定时区分项目部自有设备和分包自带设备；⑤应将检查结果及时导出为项目船机设备隐患整改通知单，并通过自定义流程进行问题闭合整改。

设备安全检查使用及维护应符合下列规定：①根据系统自动采集的设备使用时长、

行驶里程等数据，宜通过系统制定维修保养计划，派单至指定负责人，计划完成后自动生成记录；②应及时导出项目小型机械设备检查表、项目施工船机设备修理计划及完成情况表、项目船机设备修理质量验收单、项目船机设备修理验收单、项目设备日常维修保养记录。

6.设备使用管理

设备使用管理整体上应符合下列原则：①宜采用电子文件、电子单据等方式建立数字档案，通过智慧工地平台对设备进场出场之间的使用过程进行全面管控；②宜使用信息化手段提高设备使用效率，降低设备使用成本；③由于工程机械能耗普遍较高，燃油成本占使用成本较大，在复杂的施工环境中还会面临燃油跑冒滴漏丢的情况，宜使用信息化手段加强燃油管理；④对电驱动型车辆宜采用防高温、防火监测功能。

设备使用管理应符合下列规定：①基于 GIS 和车辆定位的电子围栏，应提供准确的设备定位，记录设备的运行轨迹，支持轨迹回放，支持电子围栏、路线规划，对违规进出围栏、超速行驶等行为进行报警；②工作状态及时长监测，应精准识别设备处于何种状态（运行、怠速或静止），记录每一种状态的持续时间，对长时间怠速、长时间闲置的情况进行报警；③油耗监测，应准确记录设备加油、耗油情况，自动计算并分析设备油耗，对油量异常等情况发出报警，支持手动录入加油量，自动分析人工加油值与系统采集值的误差，避免加油误报；④运输车辆管理，应针对自卸车、搅拌车等运输设备，记录位置、轨迹、里程、趟数、搅拌罐正反转姿态；⑤工效统计分析，应包括但不限于设备出勤率、利用率、怠速占比、怠速耗油占比等，为设备使用降本增效提供信息支撑；⑥结算应以系统自动采集的数据取代人工填写的单据作为结算的依据，减少人为干扰。

设备使用管理使用及维护应符合下列规定：①物联网监测装置的安装、拆除应符合普适、简便的原则，不损坏原车，无安全隐患；②应匹配专门的系统使用人员、修订相关制度；③应及时导出报表，以用于业务分析、经济分析和结算；④应注意对监测装置的维护和保养，以保证数据采集正常、准确进行，避免数据偏差。

 【任务实施】

通过查阅资料和行业企业调研，用自己的语言说明施工机械设备管理的目标、规定和要求，并谈谈施工行业中常见的施工机械设备管理系统和其具体应用。

 【学习小结】

（1）施工机械设备管理是指在建设工程项目中，对使用的各类施工机械设备进行有效的规划、采购、调度、维护和监督的过程。

（2）施工机械设备管理包括如下关键方面：规划和采购、调度和调配、维护和保养、安全管理、记录和追踪。

（3）常见的施工机械设备管理应用包括设备档案管理系统、调度与计划系统、维护管理系统、追踪与定位系统、故障诊断与预警系统、耗油监测与管理系统等。

知识拓展

某项目位于苏州高铁新城，如图 6-2-4 所示。为了规范工地管理提高安全质量的检查整改效率和流程，该项目运用 5G 通信技术，将整个工地纳入监控范围，包括扬尘监测、大型设备监测、材料进场管理、车辆出入监控，了解实时动态等信息，提升管理人员对工地的多维度把控和管理效率。

图 6-2-4　某项目东侧鸟瞰图

应用材料管理系统，将 PC 端 + 移动 APP 端相结合，对进出车辆信息进行及时、安全、准确地采集存储，过磅称重报警预警，并实现数据查询统计、分析、票据打印等功能；对供应商进行收货评价并统计分析，择优而用，实现从供应商源头把控；实时监控，简化业务流程，透明化追踪、多端操作、移动办公，快速传递信息，全面把控材料进场、出库申领、材料验收审批等情况。

习题与思考

一、填空题

1. 施工材料管理是指在建设工程项目中，对使用的各类材料进行有效的_____、_____、_____、_____和_____的过程。

2. 对采购到的材料进行合理的_____和_____，包括妥善存放、分类、标识和记录有助于确保材料的完整性和质量，并提高材料的查找和使用效率。

3. 施工材料管理采集信息宜包含：_____、生产单位、_____、产品合格证、质量证明书、_____、进场数量、使用部位、见证取样日期、_____等。

4. _____是通过系统记录物料的批次、供应商、质检报告等信息，可以追踪物料的来源和流向。

5. _____是指在建设工程项目中，对使用的各类施工机械设备进行有效的规划、采购、调度、维护和监督的过程。

6. 施工机械设备管理包括如下关键方面：_____、设备调度和调配、设备维护和保养、_____、设备记录和追踪。

二、简答题

1. 施工材料管理的目标是什么？包括哪些关键方面？

2. 施工材料管理的规定和要求是什么？

3. 施工机械设备管理的目标是什么？包括哪些关键方面？

4. 施工机械设备管理的规定和要求是什么？

5. 施工机械设备管理的应用功能包括哪些方面？

三、讨论题

1. 举例说说常见的施工材料管理系统及其具体应用。

2. 举例说说常见的施工机械设备管理系统及其具体应用。

项目 7.1　施工资料数字化管理

教学目标

一、知识目标

1.认识和掌握工程竣工交付内涵及条件；

2.认识和掌握施工数字化验收关键内容。

二、能力目标

1.能说明工程竣工交付内涵及条件；

2.能分析施工资料数字化管理内容。

三、素养目标

1.具有良好倾听和沟通的能力，能有效地获得各方资讯；

2.能正确表达自己观点，学会科学分析问题、有效解决问题。

学习任务

认识工程竣工 BIM 数字化交付；理解施工资料数字化管理。

建议学时

6 学时

思维导图

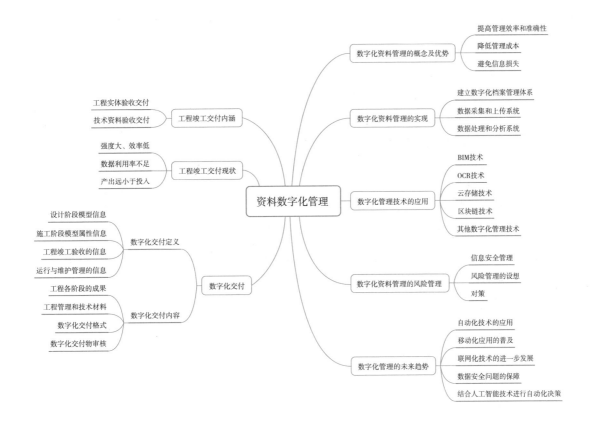

任务 7.1.1　认识工程竣工 BIM 数字化交付

【任务引入】

　　数字化管理已经成为现代化工程项目管理的必然趋势，而施工资料的数字化管理则是其中至关重要的一环。传统的纸质文件管理方式常常面临物理存储空间有限、易丢失和难以查找等问题，造成了施工过程中的不便和困扰。为了提高工程的管理效率和质量，数字化管理成为解决这些问题的有效途径。施工资料的数字化管理将各种施工资料如合同文件、图纸、报告等转化成数字形式，并利用信息技术手段进行记录、存储和共享，实现了资料的高效管理和便捷获取。数字化管理不仅方便了施工方对资料的实时掌控和更新，也提供了强大的数据分析和报告功能，提升了项目管理人员对工程进展和质量的监控能力。因此，施工资料的数字化管理已经成为每个工程项目中不可或缺的重要任务。

【知识与技能】

1. 工程竣工交付

（1）工程竣工交付内涵

传统的竣工交付分为工程实体验收交付和技术资料验收交付，另外还需要依据竣工资料进行工程结算。传统验收对于即将完工的工程，应根据设计文件及施工合同所规定的内容，制定验收方案，按照工程质量合格的要求进行验收。验收方案中，应明确实体的验收范围、验收依据、验收人员、验收方法，并对分部分项工程资料进行检查。在实体验收时一并整理过程文件，并在验收过程中逐渐形成系列验收记录及资料。另外，加上合同与协议、开工与竣工报告、竣工验收通知及意见、工程竣工图纸等项，组成了技术资料验收的内容。在建设工程竣工验收后，建设单位办理建设工程档案接收证明书，领取房屋建设工程竣工验收备案表。以上实体和资料验收交付共同组成了验收交付的工作内容，交付流程如图 7-1-1 所示。

工程竣工交付
内容

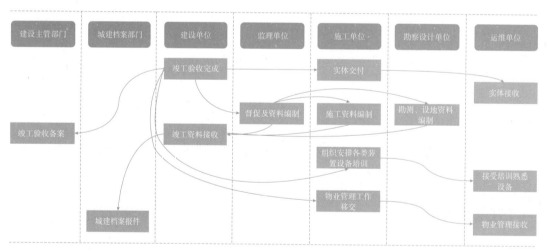

图 7-1-1　工程竣工交付流程

（2）工程竣工交付现状

通过对工程竣工交付相关法律、法规、规范标准及实践环节进行详细研究，可以看出主要涉及建设行政主管部门和参建主体企业两个层级，其工作内容和现状问题如图 7-1-2 所示。

我国在建设工程法规体系和工程竣工交付体制的完善上还有待提高，虽然已经制定颁布了一系列的法律、法规、规范标准，但随着新一代信息技术的发展，一个大规模产生、分享、应用数据的时代已经来临，现有管理制度和实施措施在实践中暴露的弊端也

业务内容		痛点
建设主管部门	竣工验收、备案监督	• 工程资料无法对工程质量监管进行全面准确核验 • 传统单一实物质量监督方式不能适应行业发展需要
城建档案部门	工程档案验收、接收、保管	• 工程档案验收程序复杂、手续繁多、评审周期长 • 工程档案的信息检索和再利用困难
勘察设计单位	参加竣工验收，提交勘察、设计质量检查报告	• 设计文件及图纸庞大且版本多，管理有难度且存在重复提交
施工单位	参加隐蔽工程、地基基础、主体结构等分部工程验收，单位工程和工程竣工验收	• 人员专业素质要求高，需要掌握施工工艺及相关规范标准要求 • 工程成果资料不规范，导致反复整改 • 参与方多，工程资料汇集、编制工作强度大
监理单位	组织隐蔽工程、地基基础、主体结构等分部工程验收，参加单位工程和工程竣工验收	• 人员要求高，需要掌握施工工艺、施工规范、质量验收及工程档案相关标准要求 • 工程资料数量多且不规范给督查工作带来难度
建设单位	组织竣工验收，移交工程档案	• 参与方多，资料跟踪收集、审查工作强度大 • 项目验收涉及主管部门多，审批要求不统一，重复提资 • 工程项目验收原始资料不齐全、不规范、不准确
运维单位	物业接管验收	• 工程数据与运维期应用系统数据脱节，信息可用性差 • 工程数据信息缺乏规范化、标准化采集、处理和存储，造成交付过程发生巨大损失和衰减，并且检索、利用效率低下

图 7-1-2 工程竣工交付现状

越来越明显，其主要表现在以下三个方面：

1）巨量建设工程数据采集、存储及交付靠人工（资料员）完成，工作强度大，效率低下；

2）存在数据利用率不足、数据丢失问题严重、线上线下衔接困难、协同应用效率低下、生产与经营脱节等现象；

3）工程数据的采集、处理和存储需要投入大量的人（专职资料员）、财（薪资、物资成本、存储空间成本）、物（存储媒介、空间）等，而在成果应用阶段，存在数据利用率不足、价值转化弱及关注度低等问题，产出远远小于投入。

2. 工程竣工数字化交付

（1）数字化交付定义

工程竣工数字化交付是应用数字技术，为建筑业建设单位提供工程数字化交付产品及服务，解决工程数据交付困难、利用率低等问题，升级建设工程数据交付方式及成果形式，实现工程数据资源化、资产化、资本化，促进数据流通、激活数据价值。其实现形式为建设单位对分部（子分部）工程、单位（子单位）工程及整体工程竣工 BIM 模型的信息内容和交付时限等提出明确要求，参建各方按照要求形成本单位所承担建设任务相应的分部（子分部）工程竣工 BIM 模型，其主要包括四类信息：

工程竣工数字化
交付内容

1）设计阶段模型相关信息；

2）施工阶段模型构件属性信息、施工技术管理资料等；

3）分部（子分部）工程验收及工程竣工验收的信息；

4）建设方提出运维要求后形成的满足运行与维护管理基本要求的信息。

工程竣工 BIM 模型经过检验合格后统一交付建设单位完成城建档案馆归档、竣工验收备案及运维交付。

（2）数字化交付内容

工程数字化交付内容包含工程单个阶段的成果以及工程竣工时最终的整体成果，具体包括：

1）合同规定的工程各阶段的相关成果，如设计、施工、竣工、运维模型、协同平台以及相关报告、材料、图纸等；

2）项目验收需提交的各类工程管理和技术材料。

3）数字化交付格式

数字化交付包含工程全生命期各个阶段的成果，除了用于浏览的轻量化通用文档格式外，一般还需要交付可编辑的原文件格式用于项目归档。BIM 模型在交付时需要考虑建模软件的时效性和共通性，除了提交原文件外，还应提供国际通用格式的版本，例如 IFC 格式等。

4）数字化交付物审核

数字化交付物的质量高低将对项目后续工作产生重大影响，因此对各阶段交付物的质量管控尤为重要。工程交付文件要在交付前进行充分的校对和审查，确保交付材料质量合格，应有多级校对、审查机制。

（3）工程竣工数字化交付特点

工程竣工数字化交付区别于传统以纸介质为主体的交付方式，不是单纯地将纸质档案改为电子档案进行移交，不是纸质档案全部扫描移交，不是形式上的数字化，必须从文件产生的源头进行控制，从工程文件全生命周期进行数字化管理，数字化交付只是其中的一个移交环节。在工程文件全生命周期中，各部门（单位）共同参与、共同协作，各自对自己的环节负责，对自己的产出物负责。通过管理优化，逐步实现项目文档管理的三个转变：从管理纸质档案向管理电子档案转变，从管理电子文档向数字化文档过程管理转变，从只管理终版文件向全生命周期文件管理转变。

【任务实施】

通过学习和查阅资料，用自己的语言对工程竣工 BIM 数字化交付、工程竣工交付、工程竣工数字化交付进行概要描述。

【学习小结】

（1）传统的竣工交付分为工程实体验收交付和技术资料验收交付，另外还需要依据竣工资料进行工程结算。传统验收对于即将完工的工程，应根据设计文件及施工合同所规定的内容，制定验收方案，按照工程质量合格的要求进行验收。

（2）工程竣工数字化交付是应用数字技术，为建筑业建设单位提供工程数字化交付产品及服务，解决工程数据交付困难、利用率低等问题，升级建设工程数据交付方式及成果形式，实现工程数据资源化、资产化、资本化，促进数据流通、激活数据价值。

任务 7.1.2　施工资料数字化管理

 【任务引入】

数字化资料管理是信息化时代的产物，随着科技的发展和应用，在施工管理中已经得到了广泛使用。数字化资料管理涉及 BIM 技术、OCR 技术、云存储、区块链等技术的应用，以及数字化档案管理体系和数字化标准化等问题。如何建立数字化档案管理体系，如何进行数据采集和上传，以及如何实现数据分析和处理，这些都是数字化资料管理的核心问题。

 【知识与技能】

1. 数字化资料管理的概念及优势

数字化资料管理是指将传统的施工资料，如图纸、合同、进度表等，通过数字化手段进行管理和保存。数字化管理可以提高施工管理效率和准确性，降低管理成本和避免信息损失。数字化资料管理的优势主要包括以下几点：

数字化资料管理的
概念及优势

（1）提高管理效率和准确性

传统的施工管理需要大量的人力物力进行管理，难以进行实时的数据分析和有效的问题识别。而数字化管理利用现代技术进行信息收集和分析，能够更快捷和准确地掌握施工进展情况和存在的问题，让管理模式更加灵活和高效。

（2）降低管理成本

数字化管理可以解决传统施工管理的繁琐和低效问题，降低管理成本。通过数字化管理，管理人员可以实现远程管理，方便管理模式的转变，同时也减少了人力成本和物料成本等方面的支出。

（3）避免信息损失

施工管理中存在大量的信息需要保存和保护。传统的保存模式不仅需要耗费大量的时间和人力，还会面临管理不善、信息损失的问题。而数字化管理能够将资料数据化保存，防止资料被误删或遗失。同时，在数据处理时，也能更好地保障数据的完整性和安全性。

2. 数字化资料管理的实现

数字化资料管理的实现需要建立数字化档案管理体系、数据采集和上传系统，以及数据处理和分析系统。具体步骤如下：

数字化管理技术的实现

（1）建立数字化档案管理体系

建立数字化档案管理体系包括：档案归档、数字化档案平台建设、制定数字化管理标准和流程等。通过建立数字化档案平台，建立数字化资料的统一存储和管理，以确保施工资料的完整性和准确性。

（2）数据采集和上传系统

数据采集和上传系统是数字化资料管理的基础系统，主要包括数据采集、数据上传、数据校验等。采用数字化工具进行施工现场数据的采集，将数据实时上传到数字化资料平台，方便后续的管理和处理。

（3）数据处理和分析系统

数据处理和分析系统主要是将采集到的数据进行处理和分析，得到有价值的、可用的数据。包括尽早发现问题、完善方案、优化施工模式、精细管理、实现数字化管理、数字化报告系统的建立等。

3. 数字化管理的标准化

数字化管理的标准化和规范化对数字化资料管理的实现至关重要。数字化资料的标准化主要包括：文件命名规范、数据备份规定、存储权限规则、文档出入库法规，以及数据清理流程等。数字化管理的标准化可以提高数字化管理的透明度和公正性，减少数据重复、避免人为干扰、利于数据管理角色的分工。

数字化管理的标准化

4. 数字化资料管理的风险管理

数字化资料管理涉及信息安全问题。管理人员需要从以下几个方面加强风险管理：

数字化资料管理的风险管理

（1）信息安全管理

信息安全管理在数字化资料管理中显得非常重要，管理人员需要采取措施保护数据不被破坏、滥用、窃取等。主要包括物理保障、加密控制、访问权限控制、安全审计等。

（2）风险管理的设想

风险管理需要预先设想可能发生的不利情况，做好事故预案并加以执行，减少不可预见因素的影响。例如，设计备份策略，防止数据丢失和存放计算设备的防火防盗设备等。

（3）对策

数字化管理的安全管理策略应该说明风险应该如何被管理和说明责任，以确保风险得到及时管理和解决，例如制定数据存储备份策略、纵深防御体系等。

5. 数字化管理的未来趋势

数字化资料管理将会发展为更加自动化、更高效率的管理方式，数字化管理技术的应用将围绕自动化技术应用、移动化应用的普及、联网化技术的进一步发展、数据安全问题的保障和结合人工智能技术进行自动化决策等方面展开。

数字化管理的
未来趋势

（1）自动化技术的应用

数字化资料管理将发展为自动化、智能化的管理方式。预计未来的数字化管理系统将会集成更多的人工智能技术，在实施过程中，可以通过使用监视和控制技术来自动化施工计划。自动化技术应用会降低运营成本和提高效率。

（2）移动化应用的普及

数字化资料管理的移动化应用将成为趋势。借助移动云计算技术，可以使施工管理人员在任何时候和地点查阅施工进度信息和最新变更信息，并实现实时信息反馈和质量安全检查等管理工作。

（3）联网化技术的进一步发展

随着互联网普及和 5G 等新技术的进一步发展，数字化资料管理将更加普及，未来数字化管理将更加智能化和联网化。施工现场与总部、设计单位、监理单位、施工单位等共同建立双向数据通信的平台，实现数据实时共享，有效提高施工管理效率。

（4）数据安全问题的保障

为保障施工资料的安全，数字化资料管理需要借助更高级别的安全加密技术，以避免数据遭受安全攻击和泄漏的问题。例如，密码控制技术、双重认证、数字签名等。

（5）结合人工智能技术进行自动化决策

人工智能技术的逐渐普及和应用为数字化资料管理的未来发展提供了新的思路和方向。施工管理人员可以结合人工智能技术进行自动化决策，利用数据分析和搜索技术可以帮助管理人员快速找到有关施工管理的最佳方案。

总之，数字化资料管理是一个不断演变和发展的过程，需要展现出技术的飞速进步和业务管理创新的质变。数字化资料管理技术的应用将为我们提供更加全方位的数据管理和决策支持，助力施工项目的快速高效完成。

 【任务实施】

通过学习和查阅资料，用自己的语言对数字化资料管理的概念及优势、数字化管理技术的应用、数字化资料管理的实现以及数字化管理的标准化、数字化资料管理的风险管理进行概要描述。

【学习小结】

首先，数字化管理提供了高效和可靠的施工资料管理方式。通过将纸质文档转化为电子形式，可以轻松记录、存储和传输相关资料，大大减少了纸质文档管理带来的繁琐和易丢失等问题。

其次，数字化管理使得施工资料的获取和共享变得更加便捷。通过数字化工具和系统，不同项目参与方可以实时访问和共享资料，促进了信息的及时传递和协同工作。

另外，数字化管理还提供了强大的数据分析和决策支持能力。通过对数字化资料的整理和分析，管理者可以更准确地了解项目进展，及时发现问题并做出相应调整，从而提高施工质量和效率。

总之，施工资料数字化管理不仅提高了施工过程的效率和准确性，还为项目管理提供了更科学、智能的工具和手段。掌握数字化管理技巧和方法，对于现代工程项目的成功实施至关重要。

知识拓展

当前在施工资料数字化管理领域，有几个热点问题备受研究和关注。这些问题涉及技术、管理和安全等方面，对推动行业的发展和创新具有重要意义。

施工资料数字化
管理热点问题

1. 数据集成和标准化：在施工资料数字化管理过程中，各个部门和系统产生的数据可能来自不同的源头、采集方式和格式，如何实现数据的集成和标准化成为一个挑战。通过建立统一的数据交换标准和规范，结合数据集成平台和技术，可以实现不同系统之间的数据相互操作和共享，提高数据的质量和可用性。

2. 人工智能在施工管理中的应用：人工智能技术在施工资料数字化管理中具有广阔的应用前景。例如，通过机器学习和深度学习算法，可以对施工数据进行智能分析和预测，帮助项目管理人员做出更准确的决策。另外，自然语言处理技术也可以应用于资料的自动化处理和智能搜索，提高工作效率和用户体验。

3. 移动技术的发展与应用：移动技术的快速发展为施工资料数字化管理带来了更多可能性。移动设备如智能手机和平板电脑的普及，使得施工人员可以随时随地通过移动应用程序访问和更新施工资料，提高了实时性和灵活性。此外，结合移动计算、定位和传感器技术，还可以实现现场数据的实时采集和监控，提高施工质量和安全性。

以上这些正在研究的热点问题，将帮助进一步推动施工资料数字化管理的发展，并为施工行业带来更多创新和提升。在未来，随着技术的不断进步和应用研究的深入，这些问题的解决将进一步推动施工行业向智能化、高效化和可持续发展的方向迈进。

习题与思考

一、填空题

1. 施工资料数字化管理可以减少纸质文档管理的繁琐和易_____问题。

2. 数字化管理使得施工资料的获取和共享变得更加_____。

3. 通过对数字化资料的整理和分析，可以更准确地了解项目_____。

4. 施工资料数字化管理提供了强大的数据分析和决策_____能力。

习题参考答案

二、简答题

1. 施工资料数字化管理对于工程项目有什么重要意义？

2. 数字化管理工具和技术对于施工资料数字化管理的作用是什么？

3. 请说明数字化管理在施工资料保密性和安全性方面的优势。

三、讨论题

1. 讨论施工资料数字化管理对工程项目的效益和挑战。

2. 在数字化管理过程中，如何平衡数据共享与保密的需求？

3. 基于你的经验或案例，分享施工资料数字化管理的最佳实践和应用策略。

项目7.2 数字化验收与交付

教学目标

一、知识目标

掌握施工数字化交付的内容及应用场景。

二、能力目标

1. 能分析施工数字化验收关键内容；

2. 能处理施工数字化交付应用场景。

三、素养目标

1. 能正确表达自己观点，学会科学分析问题、有效解决问题；

2. 具有一定的创新素质，学会发现问题并创造性地解决问题。

学习任务

了解施工数字化验收，理解施工数字化交付应用，通过数字化验收与交付案例开展实践。

建议学时

6学时

思维导图

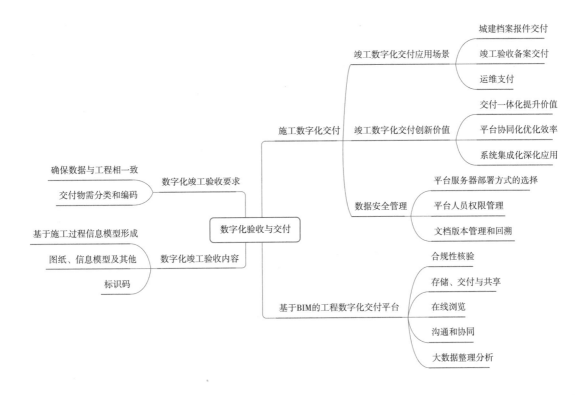

任务 7.2.1　施工数字化验收

【任务引入】

数字化验收与交付在现代工程项目中扮演着重要的角色，它通过采用数字化技术和工具，使验收和交付流程更加高效、准确和可追溯。传统的验收和交付流程常常涉及大量的纸质文件和繁琐的手工操作，不仅容易导致信息丢失和错漏，还耗费了大量时间和人力资源。而基于数字化的验收和交付则能够极大地简化和优化这一过程。

通过数字化验收与交付，各种相关文件和数据都可以以电子形式进行记录、传输和存储，包括技术文档、质量检验报告、安全记录、交付证明等。这不仅减少了纸质文件的使用和管理成本，还避免了文件丢失和损坏的风险。此外，数字化工具还可以提供便捷的信息检索和筛选功能，使得项目参与者能够快速准确地获取所需的验收和交付信息。

【知识与技能】

1. 数字化竣工验收要求

竣工验收交付物应在建筑工程全生命期内进行必要的维护，应包含工程实体的变更，确保数据与工程实际相一致。

竣工验收交付物宜进行分类和编码。

数字化竣工验收
要求

2. 竣工验收管理系统数据要求

竣工验收交付物的交付深度要求，应基于竣工验收管理系统的需求进行确定，可按照竣工验收信息模型、工程图纸、其他文件分别定义，工程图纸、其他文件应与竣工验收信息模型建立有效关联。

竣工验收交付物的模型单元属性检查信息，应基于竣工验收管理系统的需求进行确定。

竣工验收交付物的数据交付要求，应基于竣工验收管理系统的需求和模型单元的附着信息进行确定。

竣工验收管理
系统数据要求

3. 数字化竣工验收内容

竣工验收交付物应基于施工过程信息模型形成，并附加或关联相关验收资料、设计变更文件等信息。

竣工验收交付物应包含工程图纸、竣工验收信息模型及其他文件。

竣工验收交付物应赋予标识码，标识码宜符合规定，并可根据竣工验收管理系统和 CIM 平台要求进行扩充。

数字化竣工验收
内容

4. 工程图纸交付内容

工程图纸应满足竣工图表达深度要求，并应与竣工验收信息模型内容一致。

工程图纸的制图应符合现行国家标准《房屋建筑制图统一标准》GB/T 50001 的相关规定。

工程图纸宜基于竣工验收信息模型的视图和表格加工而成。

工程图纸应有电子签章。

工程图纸交付
内容

5. 竣工验收信息模型交付内容

竣工验收信息模型应按照源格式进行交付，当源格式不能满足 CIM 平台要求时，还应同步交付符合 CIM 平台要求的交换格式。

竣工验收信息
模型交付内容

竣工验收信息模型应以模型单元作为基本组成要素，模型单元的分级应符合表 7-2-1 的规定。

模型单元的分级   表 7-2-1

模型单元分级	模型单元要求
项目级	承载项目、子项目或项目局部信息
功能系统级	承载完整的功能模块或空间信息
构件级	承载单一的构配件或产品信息
零件级	承载从属于构配件或产品的组成零件或安装零件信息

模型单元表达精度分为几何表达精度和属性信息深度，并应符合下列规定：

（1）几何表达精度的等级划分应符合表 7-2-2 的规定；

（2）属性信息深度等级的划分应符合表 7-2-3 的规定；

（3）在满足设计深度和应用需求的基础上，宜选择较低的几何信息表达精度；

（4）不同的模型单元可选择不同的几何表达精度；

（5）属性信息深度应满足竣工验收管理系统的要求。

几何表达精度的等级划分   表 7-2-2

几何表达精度等级（Gn）	几何表达精度要求
G1	满足二维化或者符号化识别需求的几何表达精度
G2	满足空间占位、主要颜色等粗略识别需求的几何表达精度
G3	满足建造安装流程、采购等精细识别需求的几何表达精度
G4	满足高精度渲染展示、产品管理、制造加工准备等高精度识别需求的几何表达精度

属性信息深度的等级划分   表 7-2-3

信息深度等级（Nn）	信息深度等级要求
N1	宜包含模型单元的身份描述、项目信息、组织角色等信息
N2	宜包含和补充 N1 等级信息，增加实体系统关系、组成及材质、性能或属性等信息
N3	宜包含和补充 N2 等级信息，增加生产信息、安装信息
N4	宜包含和补充 N3 等级信息，增加竣工信息

6. 其他文件交付内容

其他文件应按照竣工验收备案资料、竣工验收信息模型使用说明书、报告文档等分类交付，并应符合 CIM 平台要求。

竣工验收备案资料应符合下列规定：

其他文件交付
内容

（1）建设单位应对资料内容的真实性、准确性、完整性、有效性负责；

（2）竣工验收备案资料应为电子文件，以电子数据形式交付，其文字、图表、印章应清晰可读；

（3）竣工验收备案资料的填写、编制、审核、审批、签认应及时进行，其内容应符合相关规定。

竣工验收信息模型使用说明书应符合下列规定：

（1）竣工验收信息模型使用说明书应按照单次交付的成果范围为单位，包含各子项、各专业的模型成果内容，说明应包含项目的基本信息，模型文件的组织方式，模型文件的视图使用说明、模型参数设置说明；

（2）项目基本信息应包含项目的基本信息、组织构成、项目阶段、所使用软件基本说明及版本；

（3）模型文件的组织方式中应包含整体项目模型文件的架构关系、模型定位基点与标高；

（4）模型文件的视图使用说明，应列明项目中主要专业的审阅视图名称，并说明不同视图的用途；

（5）当项目相对于标准存在新增参数信息时，模型参数设置说明应列明其中关键参数、指标关联参数设置的方式，说明参数名称、数据格式与计量单位、取值区间要求等；

（6）可根据项目需要，补充说明其他需要说明的事项。

报告文档应符合下列规定：

（1）在竣工验收信息模型交付前，应对其进行内部审核，并提交相应检查报告；

（2）竣工验收信息模型检查报告应包含几何精度检查、属性数据完整性和准确性检查、图形和属性数据一致性检查、完整性检查等内容。

除上述资料外，对其他需要交付的电子数据，应按相关主管部门要求予以交付。

7. 竣工验收交付物数据组织

竣工验收交付物数据库的持久化存储及交换宜以文件形式实现，且宜采用常用文件格式或开源文件格式进行记录，并符合 CIM 平台数据交付要求。

竣工验收交付物
数据组织

交付的项目数据应能独立使用，不应含有 CIM 平台和竣工验收管理系统以外的外部参照引用。

同一元素的各属性名称不应重复定义。

8. 竣工验收交付物数据架构

竣工验收信息模型数据应按项目信息、文件管理信息、几何信息、各专业元素属性信息、关联关系、枚举字典等数据类进行交付。

竣工验收交付物
数据架构

交付的数据应包含项目信息表项与数据版本表项，其内容应符合 CIM 平台元数据要求。

交付的数据应包含几何信息表项，其内容应符合 CIM 平台轻量化模型数据要求。

交付的数据应包含各专业元素属性信息及关联关系。

交付的数据文件应有单一的文件入口，由多文件组成时应指明主文件。

交付的模型数据应对几何信息与属性信息做组织整理及关联。

元素记录格式应包含表 7-2-4 中的基本属性。

元素基本属性 表 7-2-4

字段名称	字段描述	字段类型
id	项目中 ID	long
guid	对象唯一 ID	string
geometryId	对象几何 Id	long
name	名称	string

实体对象元素记录格式应包含表 7-2-5 中的基本属性。

实体对象元素基本属性 表 7-2-5

字段名称	字段描述	字段类型
id	项目中 ID	long
guid	对象唯一 ID	string
geometryId	对象几何 Id	long
name	名称	string
domain	专业类别	enum
classificationCoding	分类编码	string
completedacceptanceCoding	标识码	string
transformer	空间转换矩阵	string
userlable	备注	string

9. 数据库定义

数据库中元素的属性数据结构应符合如下基本要求：

（1）元素表结构中，数据库表字段名称代码宜采用《建筑信息模型存储标准》GB/T 51447—2021 中元素名称字段；

（2）元素属性表结构中，数据库字段名称代码宜采用《建筑信息模型存储标准》GB/T 51447—2021 中属性字段或数据库字段名称关键字的英文命名。

交付的属性表中字符字段（String）应为 UTF-8 格式。

数据库定义

建筑单体模型数据应包含：建筑单体信息、建筑单体构件集、单体空间区域信息、楼层信息。

单体建筑数据库交付的数据表项组成应按表 7-2-6 采用。

单体建筑检查数据库组成 表 7-2-6

序号	数据表明
1	项目信息
2	建筑单体信息
3	单体楼层信息
4	建筑构件信息
5	空间区域信息
6	建筑关联信息
7	几何信息
8	基础关联信息
9	文件管理信息

任务 7.2.2 施工数字化交付

【任务引入】

数字化验收与交付还能够实现信息共享和协同工作。各个相关方可以通过共享平台或系统，实时查看和更新验收和交付的状态和记录。同时，通过数字化协同编辑和通信工具，不同团队和部门之间可以高效地协同工作，减少了传统协作方式中的信息延迟和沟通障碍。

【知识与技能】

1. 工程竣工数字化交付应用场景

总结面向建设方、运维方以运维为目的的工程数字化交付、面向城建档案归档的工程数字化交付以及面向建设主管部门的竣工验收备案数字化交付等三个应用场景。

工程竣工数字化
交付应用场景

（1）城建档案报件交付应用场景

以城建档案归档为目的工程数字化交付是基于 BIM 技术对工程建造全参与方、全过程的城建档案归档数据信息采集、校验、审核及移交的过程，参与方按照要求将工程图纸、工程文件、工程数据经由监理方检查后统一交付建设方汇总并整合形成工程竣工信息模型，按照规定向城建档案管理机构报送归档。

（2）竣工验收备案交付应用场景

以竣工验收备案为目的，工程数字化交付是基于 BIM 技术对工程建造全参与方、全过程的竣工备案数据信息采集、校验、审核及移交的过程，参与方按照要求将工程图纸、工程文件、工程数据经由监理方检查后统一交付建设方汇总并整合形成工程竣工信息模型，竣工验收合格后按照建设主管部门竣工备案相关要求提交备案机构进行审查和登记。

（3）运维交付应用场景

以运维为目的，工程数字化交付是基于 BIM 技术对工程建造全参与方、全过程的运维管理数据信息采集、校验、审核及移交的过程，参与方按照要求将工程图纸、工程文件、工程数据经由监理方检查后统一交付建设方汇总并整合形成工程竣工信息模型，提交物业承接查验合格后移交给物业管理方。

2. 工程竣工数字化交付创新价值

与传统交付方式相比，工程竣工数字化交付创新价值主要体现在三个方面：

（1）交付一体化提升价值

横向一体化体现在全参与方一体化，政府相关主管部门和工程五方责任主体通过一个数据平台业务协同和应用；纵向一体化体现在工程全过程一体化，对工程全过程的数据进行采集和移交管控，解决数据断层问题。

（2）平台协同化优化效率

平台协同化体现在三个方面，一是工程全息数据逻辑集成；二是工程全过程数据进行采集和移交管控；三是工程全参与方在一个平台协同工作。

（3）系统集成化深化应用

系统集成化深化应用体现在三个方面，一是可与工程档案管理系统进行数据集成；二是可与 BIM 项目管理平台进行业务数据集成；三是可为 BIM 运维管理提供数据支撑。

3. BIM 模型轻量化引擎

数字化交付物上传到 BIM 平台后，平台除了要能查看各类 Office 文档和 CAD 图纸外，非常重要的一项功能就是 BIM 模型的轻量化浏览。

现在越来越多的 BIM 平台是基于 B/S 架构，用户在网页端就能直接访问平台并进行各项操作。BIM 模型的网页端轻量化浏览是这类平台需要重点解决的技术难题。

BIM 模型轻量化引擎

BIM 轻量化引擎一般是基于 WebGL 标准在网页端进行 BIM 模型的快速渲染和展示。模型轻量化的方案很多，例如可以将 BIM 模型通过平台专门的插件进行"瘦身"，形成大小只有原来十分之一甚至几十分之一的数据包，将该数据包上传到平台发布后即可在网页端利用算法进行拼装和加载，实现模型的轻量化浏览。

4. 数据安全管理

数据安全管理

数据安全对于数字化交付平台而言是重中之重。对于交付物的安全管理，可以从三个方面来进行管控。

首先是平台服务器部署方式的选择。平台的云端服务器一般有两种部署方式：公有云和私有云。私有云在数据安全上有很大的优势，但是价格较贵，且管理复杂，维护成本高。公有云搭建成本更低，部署灵活，后期维护简单，但是数据安全性上相对较差。公有云的服务商很多，考虑到一些工程项目的数据保密要求，建议尽量采用国内的云服务供应商进行云平台的搭建。

第二点是平台人员权限管理。通过对各项目参与人员的操作权限进行严格区分和规定，保证交付物只能被选定的目标用户所接收和查阅，其他人员无权进行修改和删除等操作。

第三点是文档版本管理和版本回溯的功能。在平台使用过程中，每次上传的文件都应该由平台自动设置版本号进行记录和保存。如果用户出现误删文件的情况可以通过版本回溯的功能追回原来的文件，保证交付物数据的安全可控。

5. 基于 BIM 的工程数字化交付平台

基于 BIM 的工程数字化交付平台

基于 BIM 的工程项目数字化交付平台，除了能满足常规的文档合规性检验、存储、交付、共享、在线浏览、沟通协同等功能外，应注重易用性，确保平台用户不用经过繁杂的培训也能够轻易掌握在线查阅 BIM 模型，借助平台工具或浏览模型发现问题并与相关方进行沟通。

目前国内外已经有不少较为成熟的数字化交付平台。国外方面，例如 BIMX、Aconex、Project Wise、Autodesk A360、Revizto 等。但是部分平台的功能还是局限在传统的文件管理协同和电子交付的功能上，对于三维 BIM 模型的展示能力不足。而 Autodesk A360、Revizto 等平台对基于 Revit 建模的 BIM 模型支持较好，但服务器在国外，不易满足国内项目对工程数据安全性的要求。国内方面，商业化的数字交付平台非常多，例如广联达的协筑云平台、鲁班 BIM 系统平台、大象云等。除了这些专业的软件厂商外，很多建设单位、咨询公司、施工单位等都开发了适用于自己项目交付需求的 BIM 平台。总体来说，国内外的数字化交付平台的研究开发呈现出百花齐放的态势。

基于 BIM 平台的工程数字化交付加强了不同专业和不同参与方之间的协同，使得交付更加顺畅高效。本项目以上海现代建设咨询公司研发的 AEC-BIM 交付平台为例，通过其在徐汇区某新建中学项目中的使用情况来展示基于 BIM 的工程数字化交付平台的一些典型应用。

（1）合规性核验

传统工程交付的成果多为纸质图纸和报告等内容。交付文档的审核要点主要有三点，分别是完整性、准确性、合规性。BIM 模型存储的信息更加详尽，其逻辑关联性更明显，审核的工作量和难度都有所增加，展示了 BIM 平台在某学校项目中的合规性审查的具体审核内容及审核过程中 BIM 模型常见的一些问题，具体如下：

一是模型规范审核方面，BIM 平台提供交付文档的标准模板和指南，涵盖命名、内容、范围、精细度、信息属性等具体规定。用户在进行成果交付时，平台可以根据用户的角色来判断交付文档的名称、内容、信息量和精细度的正确性，并给予相关提示。

二是工程规范审核方面，平台可以支持部分标准自动审核，如提交的材料不符合相关技术要求，系统会进行提示，该标准在获得管理员同意的情况下可以进行定制和调整。

（2）存储、交付与共享

项目从前期规划设计、施工到运营，相关方很多，不同主体间的项目文档如图纸、报告、照片等，提资和共享往往需要通过建设方来协调，将图纸、报告、文档等数据信息传递给其他单位时，容易产生项目信息沟通不及时，沟通信息成本高等问题。

BIM 平台可实现各类工程资料的汇总、分类、存储和共享，可根据每个项目参与方的职责设立专属的文档目录，各方可以自由查阅和修改自己所属的文件夹资料，其他参与方查阅时需要得到管理授权才能以只读的方式查阅，这样既保证了文档的安全性，又实现了工程数据的交付和共享。

（3）在线浏览

BIM 平台应该支持在线查阅 DOC、PDF、AVI、DWF、MP4、BIM 轻量格式文件。单机平台的 BIM 对计算机软硬件要求相对比较高，涉及软件版权和操作培训等问题，不利于在工程中大面积推广使用。BIM 交付平台则支持基于 B/S 浏览器进行轻量化模型查阅，让交付的模型审阅变得简单，可大幅规避排查交付文档中的"错、碰、漏、缺"问题，减少后期的变更。

BIM 平台的模型轻量化浏览功能，通过算法将原来 BIM 模型的体积进行压缩和瘦身，保证用户可以在网页端流畅地浏览模型并进行操作互动。用户在平台上既可以查看模型构件信息，也能使用剖切框查看建筑物内部情况，便于项目各参与方对交付成果的快速查看和审核。

（4）沟通和协同

当代工程项目规模和复杂性逐渐提升，通过传统 CAD 图纸和纸媒图纸检查问题对技术人员的技术和人力投入要求都很高，部分问题需要多人商议解决，人员受时空制约因素大；借助 BIM 交付平台可以辅助项目各方快速协调解决交付过程及交付成果中发现的问题。一般根据问题复杂程度可以分为两种情况：一是简单问题，可采用讨论组的方式在线进行小范围问题讨论，讨论不仅可以通过文字还可以通过模型和文件的视图以工作任务形式发送给相关工程师，由相关工程师负责解决和答复问题，讨论的过程和记录将被保存下来，后期可以回溯。二是相对比较复杂的问题，可借助 BIM 平台的问题表单应用，将发现的问题通过标准报表发送到平台中，报表中将明确责任方、参与方以及问题整改时间节点；问题相关方可在 BIM 平台上对提出的问题进行讨论，并最终将整改措施及整改结果发布在平台上。问题发起人对整改结果进行复核，通过后可进行问题闭环并归档。

（5）大数据整理分析

工程项目全生命周期要生成巨量的信息和数据，基于 BIM 的工程数据交付平台可以对上述的各项应用生成的数据进行集成。在此基础上，实现对项目分阶段、分层级、分专业分析，将各项数据通过图表、表格的形式进行直观反映，并实现对未来情势进行预判，通过科学数据指导未来其他类似项目的实施和决策。

 【任务实施】

通过学习和查阅资料，用自己的语言对数字化验收和交付、数字化竣工验收要求、数字化资料管理的实现进行概要描述。

 【学习小结】

首先，数字化验收与交付提供了更高效和全面的项目管理方式。通过利用数字化工具和技术，可以对施工过程和结果进行实时跟踪和监测，确保项目按时、按质量完成。数字化验收还可以提供可视化的结果展示和数据分析，为决策提供依据。

其次，数字化验收与交付促进了信息的共享和沟通。利用数字化平台，参与方可以方便地共享项目资料和进展情况，减少了传统纸质文档传递的复杂性和延迟。这有助于加强各方之间的合作和理解，提高项目交付的效率。

另外，数字化验收与交付还强调了数据的准确性和可追溯性。通过数字化记录和存储项目相关数据，可以方便地审查、追溯和核实工程的验收和交付过程，减少了人为错误和争议的可能性。

总之，数字化验收与交付在工程项目中具有不可忽视的作用。掌握数字化验收与交付的方法和工具，有助于提高项目管理的效率和质量，实现工程项目的顺利验收和交付。

知识拓展

施工资料数字化交付可以提高交付过程的效率、准确性和可追溯性，同时减少了纸质文件的使用，节约了资源并降低了环境影响。目前，在施工资料数字化交付领域，有一些正在研究的热点问题备受关注，这些问题涉及数据格式、信息互通、验收标准等方面。

施工资料数字化
交付热点问题

1. 数据格式和标准：在施工资料数字化交付中，各个参与方往往使用不同的软件和文件格式，导致数据格式的不一致和不兼容。因此，如何制定统一的数据格式和标准，以实现数据的互通和可持续使用成为一个热点问题。相关研究包括数据转换和集成技术，制定通用的数据标准和规范等。

2. 信息互通与协同：施工资料涉及多个参与方，如设计师、施工方、监理机构等，他们之间需要进行信息互通和协同工作。目前，如何实现各个系统之间的数据交换和协同，以及实现施工资料数字化交付的全生命周期管理，是一个具有挑战性的问题。相关研究包括数据交换平台与协同平台的搭建，通信和协作标准的制定等。

3. 验收标准和流程：施工资料数字化交付需要明确的验收标准和流程，以保证所交付的资料的质量和合规性。如何制定一套完善的验收标准和流程，包括文件格式、完整性、准确性等方面的要求，是需要研究的热点问题。相关研究包括建立统一的验收标准和流程指南，开发自动化的验收工具和方法等。

通过研究上述热点问题，可以推动施工资料数字化交付的标准化和规范化。未来，随着技术的不断进步和应用研究的深入，数字化交付的方式将更加智能化、高效化，为施工行业带来更多的创新和提升。

习题与思考

一、填空题

1. 数字化验收与交付提供了更高效和全面的项目_____方式。

2. 数字化验收与交付可以通过利用数字化工具和技术实时跟踪和监测工程项目的_____过程和结果。

习题参考答案

3. 利用数字化平台，参与方可以方便地共享项目资料和进展情况，提高项目交付的_____。

4. 数字化验收与交付强调数据的准确性和_____。

二、简答题

1. 数字化验收与交付在工程项目中的作用是什么？

2. 数字化工具和技术对于数字化验收与交付有何贡献？

3. 数字化验收与交付如何促进项目参与方之间的合作和沟通？

三、讨论题

1. 讨论数字化验收与交付对工程项目的效益和风险。

2. 在数字化验收与交付过程中，如何确保数据的安全和隐私保护？

3. 基于你的经验，分享数字化验收与交付的实践和应用策略。

附录 学习任务单

	任务名称			
	学生姓名		学号	
	同组成员			
	负责任务			
	完成日期		完成效果	
	教师评价			

自学简述 （课前预习）	
任务实施 （完成步骤）	
问题解决 （成果描述）	

学习反思	不足之处	
	课后学习	

过程评价	团队合作 （20分）	课前学习 （10分）	时间观念 （10分）	实施方法 （20分）	知识技能 （20分）	成果质量 （20分）	总分 （100分）

参考文献

[1] 周绪红，刘界鹏，冯亮．建筑智能建造技术初探及其应用 [M]．北京：中国建筑工业出版社，2021．

[2] 江苏省建筑行业协会，江苏省智慧工地推进办公会．江苏省智慧工地建设与实践培训教材 [M]．北京：中国建筑工业出版社，2022．

[3] 王鑫，杨泽华．智能建造工程技术 [M]．北京：中国建筑工业出版社，2022．

[4] 《中国建筑业信息化发展报告（2021）智能建造应用与发展》编委会．中国建筑业信息化发展报告（2021）智能建造应用与发展 [M]．北京：中国建筑工业出版社，2021．

[5] 焦莹莹，张运楚，邵新．智慧工地与绿色施工技术 [M]．徐州：中国矿业大学出版社，2019．

图书在版编目（CIP）数据

智能施工管理技术与应用/江苏省建设教育协会组
织编写；郭红军，肖勇军主编；管淑清，冯均州，王慧
萍副主编.—北京：中国建筑工业出版社，2024.3
高等职业教育智能建造类专业"十四五"系列教材
住房和城乡建设领域"十四五"智能建造技术培训教材
ISBN 978-7-112-29515-9

Ⅰ.①智…　Ⅱ.①江…②郭…③肖…④管…⑤冯
…⑥王…　Ⅲ.①智能化建筑—建筑施工—高等职业教育
—教材　Ⅳ.①TU745

中国国家版本馆CIP数据核字（2023）第251523号

　　"智能施工管理技术与应用"根据国家现行规范、标准编写，在传统"工程管理"课程基础上融入智能施工与管理，强调理论结合实际工程应用。本教材主要内容包括：智能建造运管平台、智慧工地、智能检测、进度管理、智能施工成本管理、供应链管理和竣工交付。
　　本教材可作为职业教育智能建造技术专业及相关专业课程教材，也可作为建筑行业从业人员的学习、参考用书。
　　为更好地支持相应课程的教学，我们向采用本书作为教材的教师提供教学课件，有需要者可与出版社联系，邮箱：jckj@cabp.com.cn，电话：（010）58337285，建工书院 http://edu.cabplink.com。

策划编辑：高延伟
责任编辑：吴越恺　杨　虹
责任校对：赵　力

高等职业教育智能建造类专业"十四五"系列教材
住房和城乡建设领域"十四五"智能建造技术培训教材
智能施工管理技术与应用
组织编写　江苏省建设教育协会
主　　编　郭红军　肖勇军
副 主 编　管淑清　冯均州　王慧萍
主　　审　苗磊刚
*
中国建筑工业出版社出版、发行（北京海淀三里河路9号）
各地新华书店、建筑书店经销
北京雅盈中佳图文设计公司制版
建工社（河北）印刷有限公司印刷
*
开本：787毫米×1092毫米　1/16　印张：14¾　字数：331千字
2024年6月第一版　2024年6月第一次印刷
定价：**49.00**元（附数字资源及赠教师课件）
ISBN 978-7-112-29515-9
　　（42278）